90% 工作上的煩惱都來自人際關係

安侯建業會計師事務所合夥人
親授50年經驗的職場人際法則

理查・福克斯（RICHARD FOX）——著
許可欣、游懿萱——譯

導讀

理查・福克斯的新書《工作上90%的煩惱都來自人際關係》對那些想要改變職場慣例的人來說，是一本相當實用的書籍。書名也透露出一點線索，也就是本書能夠幫助我們減少壓力，和同事相處更為融洽，並讓職場成為更有創意與高產能的地方。

書中舉出許多實際的範例，說明問題從何而來，這點十分吸引那些想要利用本書作為反思學習的人。我們都知道在機構與會議當中的那些經驗，可能是人生當中最悲慘的，不是嗎？理查非常務實，提出的解決方法也都建立在實際的經驗上。正如他所言，這或許是第一本跨出基礎概念，深入建立有效細部關係的書。最明顯的，就是這本書是從業人員寫給從業人員看的。你同時能夠得知問題與解答。如果要說有什麼可以挑剔的，就是涵蓋太多面向了。但顯然理查身兼導師與教練，這點在字裡行間當中不難發現。他不時溫和地在這裡鼓勵一下，在那裡引導一下，目的完全在於讓讀者能夠進入下一個階段。

居家工作的部分特別吸引我，因為我們都必須學習居家工作優缺點的精彩新面向。我認為理查處在精彩新事物的浪尖。由於我們都度過了受到傳染病影響的初期階段，因此我們都必須適應在社會中的新方式，以及溝通的新模式。理查在本書當中自始至終提倡的原則，應該能夠讓我們開始用嶄新且不同的方式工作。我們必須回頭再次檢視我們對同事、工作場所、自身工作方式的認定。新的「新狀況」是什麼？

有誰能比花了一輩子時間開拓新領域與不同脈絡的人更適合引導我們走入新領域當中？我們邁入可能發生重大改變的不確定時代時，需要像理查這樣明智的顧問與果斷的領導者。請把本書當作一本實用的參考書，在出現新問題時，你就能夠立刻翻閱。你可以運用本書來反思，接著再次使用。本書是值得你一讀再讀的禮物。

鮑伯・非弗（Bob Fyffe）
CTBI秘書長

推薦

本書是讓關係能夠順利運作的一本好書，在我們的工作架構、安全、理念遭到挑戰時，這就是我們需要注重的關鍵因素。

這本實用的書當中列出許多原則與技巧，能夠讓年輕的專業人士在工作生涯當中更順利。像我這樣資深的專業人士，也從書中學到許多能夠運用在工作上的實用觀念。

這是本精彩的工具書，也是本很好看的書，不是只有興趣讓「職場人際關係」發揮作用的人才適合看這本書。

安克・尼爾（Anke Neale），人資部主管，牧野工具機歐洲有限公司我要大力推薦本書給待擔任或想要擔任領導角色的人。在擁擠的書籍市場當中，有許多書籍都想要提出明智的建議。就我看來，本書是有史以來最務實且能夠迅速應用的。如果你在讀了本書之後，嘗試運用書中一些實用的訣竅，那麼我相信你很快就能夠獲得實際有形的好處。

肯・沃芬頓（Ken Woffenden）在四十年的法律執業生涯當中擔任過許多高階的領導角色

工作上90%的煩惱都來自人際關係

目錄

關於本書

如果你想要透過學習建立良好的關係，完全發揮自己的技能、經驗、人格特質，提升工作的表現，讓工作生活更愉快，產能更高，更滿足，那麼本書就非常適合你。你如果充滿好奇心，想要更了解自己偏好的生活與工作方式，以及為何和某些同事共事時深感無力（幾乎完全無法共事），有些則是讓你筋疲力盡，不知道接下來該做什麼好，那麼你也會覺得本書相當實用。

說得更清楚些，如果你有下列的情形，那麼本書就非常適合你：

- 是一個部門或團隊的成員，努力想要完成任務，同時在工作上創造和諧與有效的關係，但你卻無法在人際關係方面獲得全方位的訓練
- 身為人資或教學發展部的專業人員，導師或教練，想要尋找一本資源豐富的手冊發給參加工作坊的學員
- 經驗豐富且有能力的專業人士，正要邁向你的第一個或屬於較高階管理的領導職位

如果你具有下列身份，那麼本書也對你相當有幫助：

- 現任主管或是經理，積極想要改善你的人際技巧，以及提升團隊在這方面的技巧
- 自僱者，與一些重要同事共事。你想要更了解如何建立良好的關係，並且與業務上的同事與客戶合作

本書當中的許多重點同樣適用於外部關係以及人際關係。

讓關係順利的常識推理

維持良好關係的人，通常比較容易與人合作，也願意用有效的方式合作。相反地，如果沒有投入工作，或是覺得沒有受到支持，表現就會很糟，員工士氣就會呈現低落，員工的流動率也會增加。

正如你可能在媒體上看到的一樣，目前未就業的主因是壓力與心理疾病，因此將重點放在建立良好的職場關係，可說是當務之急。

一本充滿實戰訣竅的書

你會在下列幾章當中，發現我在本書裡自始至終都用「我們」來呈現我大部分的專業工作，都是在與他人合作之下完成的，並且很高興能夠在和事業夥伴、同事、客戶合作的過程當中學到很多。

我在書中融入了我們二十多年來在各機構當中及與不同機構合作的經驗，包含了新創公司與全球企業，公部門與私部門，幾乎涵蓋了各種產業。我很幸運能與來自各洲的客戶共事，也就是像你一樣的人！本書基於他們在訓練工作坊與教練課提出的問題，也就是建立良好關係的障礙，再加上我自己經營部門與團隊的經驗，因此能夠提供實際的策略與工具幫助你建立與維持良好的職場關係，處理具有挑戰性的關係，並且在今日高壓與快速變遷的職場環境當中維持自信與彈性。

為何是要買這本書？為何是現在？

我們花在工作上的時間相當多，往往與同事相處的時間多過父母及家人，因此很重要的一點，是必須讓職場環境成為讓你覺得積極與快樂的地方。透過我的專業，我知道不良的工作關係會造成什麼負面影響，可能會影響個人整體的幸福感，甚至是心理健康。我也注意到無論工作環境的挑戰有多大，只要大家能感受到被欣賞與重視，與團隊及機構產生連結，工作起來就更滿足也更快樂，工作的成效也更好。

你就像我的客戶一樣，或許渴望能夠找到務實的方式解決人際關係的挑戰，因為這些問題會讓大家在工作場所不愉快，也會阻礙團隊的成功。你也會注意到通常被視為獨立的技術面向，其實也與彼此息息相關。然而，我不會提出任何迅速的解方，或是簡單的把戲，因為長期下來這騙不了人。真正能夠發揮影響力的團隊成員會發自內心地說話與聆聽，要建立良好的關係也需要持續的努力。

本書大綱

本書的十五個章節依照邏輯的進程排列，從「建立基礎」開始到「在特殊狀況下成功」，因此如果你的閱讀習慣是從頭讀到尾，那麼內容就會如下：

第一部分		
1. 一切都跟人際關係有關 2. 良好合作的基石：關係與信任 3. 只有我不一樣嗎？與不同人格特質的人共事 4. 心態與關係 5. 由內而外的溝通 6. 聆聽內心與靈魂的聲音	**建立基礎**	必須 具備的
第二部分		
7. 如何達成共識以及我們的價值觀是什麼？ 8. 沒有欺騙與虛假 9. 開始與持續行動：激勵自己與他人 10. 最好的自己：充分利用我的優點 11. 回饋的藝術：有助學習的回饋 12. 不招怨恨的分派工作	**處理日常事務**	想要 具備的
第三部分		
13. 居家工作或在虛擬團隊中工作 14. 處理困難的人際關係 15. 多樣性的珍貴：重視多元文化 加強工具包：如何成功當個新管理者或領導者	**在特殊狀況下成功**	未來必須 具備的

換句話說，如果你因為有特殊需求，想要直接閱讀特定的某些章節也無妨，你在幾分鐘之內（甚至比上網還更快）就能找到需要的內容。不過在這裡要提醒一下，別忘了如果要營造成功的職場關係，那麼就必須具備一些基本要素，舉例來說，如果你們之間沒有信任的關係，那麼給予回饋的效果就可能不好。因此，我在本書的開頭列出一些「必須具備」的條件。

每個章節當中，都讓你有一次以上的機會進入「反思時間」，我們希望你在這些地方能夠將書中看到的東西與自己的經驗結合。每章結尾之處，都有簡短的「職場應用」與「參考資料」單元。

你應該擁有這本工具書以建構最佳工作關係的四個理由：

- 就我所知，《工作上90%的煩惱都來自人際關係》一書是唯一一本完全涵括建構與維持有效職場關係的書籍
- 這是本實用的書，奠基於廣為各方接受的理論以及實際可行的內容，包含了許多近年來教練客戶與工作坊學員常提出的問題
- 大部分的內容都實際運用在世界各洲的教學上，並且廣受好評，因此你可以放心，書中的內容完全適用於不同國家與職業文化
- 本書將許多經常被視為獨立的主題都連結起來，例如：動機與指派工作。這些連結會讓每個主題對你來說更為實用。

鳴謝

首先，我想要感謝我的朋友安妮莉絲．蓋林．勒坦德（Anneliese Guérin-LeTendre），她在我撰寫本書的過程當中提供了無數實際的支持與鼓勵。我也要特別感謝她撰寫第五章與第十五章。

其次，我要感謝事業夥伴雷．蘭姆（Ray Lamb），以及我們長久以來的同事海瑟．布朗（Heather Brown），感謝他們的大力支持與鼓勵，還有多年來所有我曾共事過的客戶與同事，你們都是我寫書時的靈感來源。

最後，我要感謝主動閱讀與推薦本書的客戶與商業領袖，以及謝謝我太太長期的鼓勵與支持。

我相信你會發現這趟探索的旅程相當有趣、愉快、實用。請讓我知道你的職場關係發展得如何。

理查．福克斯
學習公司有限責任合夥人
英國薩里
二〇二〇年三月

·第一部分·

打下堅實基礎：那些必須具備的事

第一章

一切都跟人際關係有關

重要的事物不見得能夠細數；能夠細數的事物不見得重要。

——科學家亞伯特．愛因斯坦（Albert Einstein）

前言

人類需求之一，就是擁有良好的關係—不僅在個人生活當中如此，在職場上亦然。我們清醒的時間當中，多半都花在工作上，因此我們的效益與快樂取決於我們工作關係是否能夠發揮效果。無論社群媒體有什麼好處，或是帶來多少歡樂，唯有透過個人在家與在工作上與他人之間的連結，才能滿足我們與他人建立面對面關係的需求，以及擁有真正歸屬感的需求。

關係技巧往往都被視為「軟技巧」，這個詞彙涵蓋了許多活動，包含了負起個人責任，以及有效運用時間來發揮影響力與處理衝突，但這些都必須仰賴良好的溝通，也與溝通有關。無論是工程業、製造業、服務業、零售業，或是在公私部門工作，所有的組織都必須有良好的關係才能成功，無論你的工作重點為何，無論想要實現什麼，「都與關係有關」，而要建立好關係則必須透過有效的人際技巧。我們與他人建立關係的方式，決定了團隊是否能夠團結；專案是否成功；團隊成員是否覺得有成就感與受到激勵！

我們在本章當中將會提及下列重點：

- 關係技巧與技術技巧同樣重要，而且往往更難掌握
- 你的工作生涯慢慢展開時，你會發現自己在工作日當中需要花更多時間經營關係
- 了解情商（Emotional Intelligence）相當重要，對於工作成果，與工作生活是否愉快攸關重大

有效運用軟技巧

基本上，能夠有效運用軟技巧的人，是真正對他人有興趣的人，很容易接

近，也值得信任。你會發現這些人還有其他共有的特質、技巧、能力，包含下列的能力：

- 擅長聆聽
- 有效溝通
- 正面積極
- 管理衝突
- 接受責任
- 展現尊重
- 與同事良好的合作
- 管理情緒
- 在壓力下能夠擁有良好的工作表現[1]

在職業生涯開始時，這些「軟技巧」位居其次，技術專業「硬技巧」位居首位，尤其是需要多年教育與訓練才能獲得的技巧更是如此。然而，團隊成員的「軟技巧」的品質可能有助於增進個人的專業技術知識，也可能損害他們的努力。這些技巧非常複雜，往往和工程、資訊科技系統、財務計算等「硬技巧」一同樣難以掌握。

本書的目標在於提出實際的看法與解決方案來處理複雜的工作關係。我們會來探討你經常遇到的狀況與挑戰，並且仔細檢視你要如何運用這些人際技巧來建立與維護工作上的正面關係，發揮你的潛能，讓你致力於建構整個團隊。

你的工作關係網絡

我們可以從下列幾個面向檢視工作場所的關係：

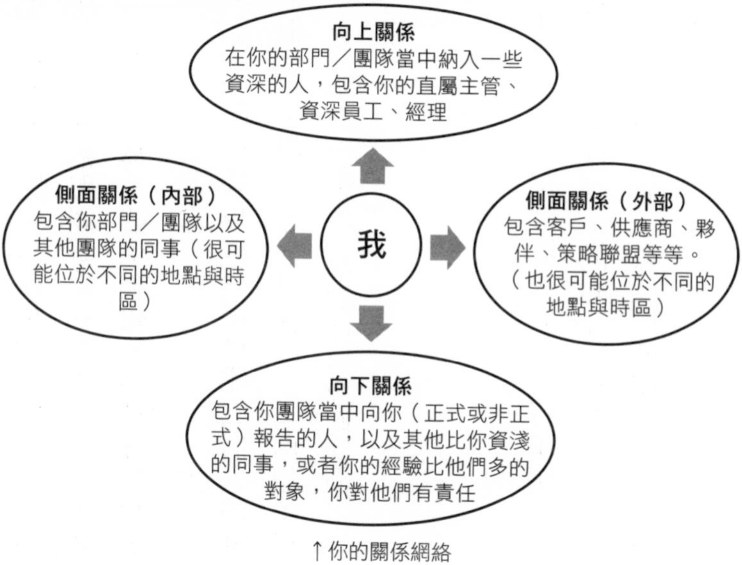
向上關係
在你的部門／團隊當中納入一些資深的人，包含你的直屬主管、資深員工、經理
側面關係（內部）
包含你部門／團隊以及其他團隊的同事（很可能位於不同的地點與時區）
我
側面關係（外部）
包含客戶、供應商、夥伴、策略聯盟等等。（也很可能位於不同的地點與時區）
向下關係
包含你團隊當中向你（正式或非正式）報告的人，以及其他比你資淺的同事，或者你的經驗比他們多的對象，你對他們有責任

↑你的關係網絡

1Report, Soft skills in the UK economy, Development Economics Ltd, 2015.

取決於你的經驗與人格特質，你很可能偏好只與上述兩個或三類人建立關係。例如，你很可能偏好埋頭做自己的工作，只和團隊成員與直屬主管說話，談話內容只說「必須知道的內容」。但很重要的一點，是如果你想要在工作中有安全感或是更上一層樓，請你在上述四個面向都與同事建立有效的關係。在你閱讀本書時，請你找出適當的策略，讓你更容易在關係網絡的四個面向更容易與同事建立關係。

除了與這些人建立工作上的關係之外，你也會和這些組織建立個人的關係。這種關係的品質取決於你自己的價值觀是否與工作的組織一致，例如：正直、誠實、開放、平等、尊重，從組織人員的行為舉止可推測或看出些端倪。

從聚焦工作到聚焦關係

你剛開始工作的時候，很可能擔任資淺的職位。取決於你的行業別，你很可能會花把分之八十的時間處理與獲得自身領域當中的知識、技巧、專業知能，並且同時留意關係，主要是與團隊當中其他人的關係，以及與指派工作給你的客戶／主管。

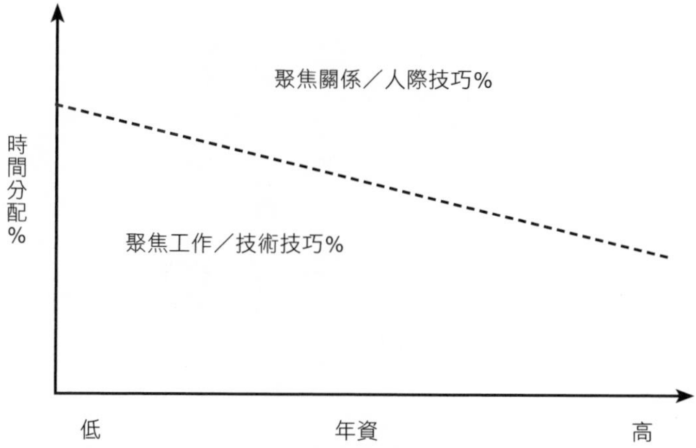

↑工作-關係模型

你在組織當中慢慢成長時，很可能會領導與管理一些人。高階主管很可能會花多達百分之八十的時間在建立與維持關係上，包含內部與外部的關係，相較之下只花百分之二十的時間在工作上。這種從以操作為焦點改為以策略為焦點的轉變，有時候可能是相當大的挑戰，如果你還不熟悉授權的藝術（第十二章）時更是如此。如果你正從熟悉的工作角色與固定工作邁向稍微不同的工作任務，有時候你很可能會懷疑自己，短暫失去信心。然而，切記你的人際關係以及在工作上建立穩固持續的關係，卻是不變的要素，能夠在你轉換工作角色時給予你幫助。

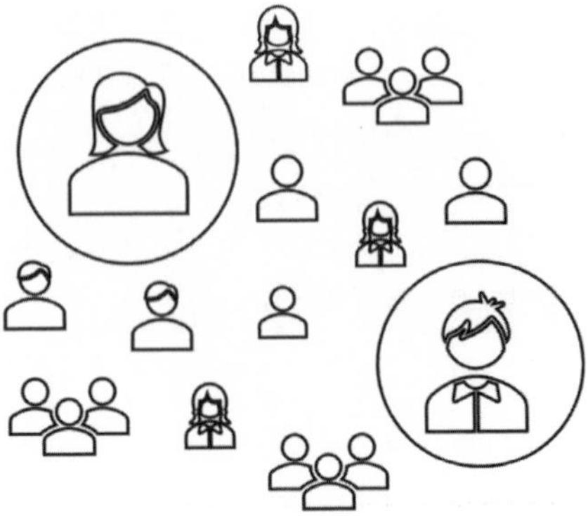

↑有經驗且具有良好人際技巧的同事，會在他們身邊形成影響樞紐

諮詢的對象

有些具有經驗與專業知識的同事，無論扮演正式擔負責任的角色與否都一樣，往往正好成為同事前往諮詢的對象。我們往往會把這些人視為「樞紐」，也就是諮詢的對象，是能夠接近與引發信任的對象，這些同事在許多方面能夠凝聚團隊與組織。雖然他們不見得是領導者或是經理，他們是那種總是願意花時間聆聽，給予建議、諮詢或是協助的人，或許你也是當中的一員。

無論你在團隊或組織當中扮演什麼角色，有何貢獻，從工作的第一天開始，「關係」就和你的工作內容同等重要，你在組織當中的安全感以及升遷的前景就和你的工作表現與提供的服務同等重要。同樣重要的（甚至對某些人來說更重要的）是，你工作關係的品質會帶來歸屬感與連結，這對工作的幸福與快樂來說相當重要。我們之後會在第九章當中討論歸屬感，以及獲得接納，以及重視你這個人，而非你工作的價值，這點比金錢帶來的動力還要更大。

運用情商

我們都非常熟悉智商，但我們在生活當中，我們必須體認以下幾點：

- 智商是智能當中的一小部分數據而已
- 智商高的人不見得較快樂或是較成功
- 還有其他許多形式的智能，如情緒、社會、政治、文化等等，這些可以透過學習獲得，這些對培養職場的正面與有效關係來說相當重要。

要深入了解關係，就需要了解情商[2]，也就是說，覺察與管理情緒的能力。

2 若要進一步了解情商，你一定要閱讀丹尼爾・戈爾曼（Daniel Goleman）的《情商：為何重要性超過智商》（Emotional Intelligence: why it can matter more than IQ）, Bloomsbury Publishing, 1996

增加察覺自己情緒的能力，以及管理情緒的能力，能夠幫助我們覺察其他人與團體的情緒狀態，並能帶著同理心處理人際關係。

我們會將具有高度情商與技術能力的人視為職場的成功人士。許多大家耳熟能詳的話，例如：「我們會跟喜歡的人做生意」以及「大家先買人，其次才買人品與服務」，這些真的一點都不錯。對於關係的感受，產生連結的感受，以及這個人值得信任的直覺會先出現，在這時候，我們才會進行接下來的行動。能夠管理情緒的人，以及和同事相處時行為舉止一致且可預測的人，會讓其他同事能夠信任，覺得安全有保障。我們會閃避那些只重視我們工作內容的人，例如在組織當中汲汲營營的人，或是行為難以預測、易怒、起伏不定的人。用情商預測職場成功的重要性早在二十年前即廣為人知。然而，有些組織晉升唯才，關係技巧只作為次要的考量，但後來才發現這些技巧極為重要！

簡單來說，培養個人情商的流程可分為四個階段：

第二階段

自我調整

增加你控制（而非壓抑）情緒的能力，那種情緒可能對你面臨的狀況完全沒有幫助。

第三階段

覺察其他人的情緒狀態

越來越能夠察覺互動對象或團體的情緒狀態變化。

第一階段

自我評估

越來越能夠覺察自己情緒狀態的改變。

第四階段

管理與調整自己的情緒管理與調整自己的情緒，與其他人能夠同調。

學習如何運用自己的情緒狀態，讓情況對你有利，而非對你不利，例如維持平靜而非過度焦慮，或是在面對憤怒的客戶／同事時能夠具有同理心，專注並且提供資源協助。

↑從了解自己開始了解他人

情商就像其他個人技巧一樣，最好從自己開始，也就是上述的第一階段與第二階段，接著再聚焦於他人身上。

反思時間

我們現在已經向你介紹了本書當中將會重複出現的主題。在我們繼續介紹其他重點之前，請你花一點時間思考你希望從本章當中得到什麼。

結論

在本章當中，我們已經討論在職場刻意建立良好關係的重要性。當然，合作無間的團隊表現最好，也能產出最佳的成果，但請不要將這點作為你的起點，這樣就本末倒置了！請從你自己的人際技巧開始，接著再用你凝聚人心的能力，讓大家互相尊重，互相了解並且共同合作，讓你與同事發揮最佳的能力，那一點與你領域當中的專業知識技術結合，正是讓你成功的關鍵。

如果你的職涯當中的大半時間都花在培養重要的技術專業知識，以及你需要成功的經驗，那樣很好。現在是你開始了解自己「人際」技巧的潛能，如果他們需要精進這方面的技巧，我們可以幫得上忙，只要繼續讀下去即可……

將這點應用到職場

a 人際關係的不同面向。請你再次檢視關係的四個面向（如上所述）。你覺得哪（幾）個面向最容易處理？在閱讀本書的時候，我們也請你發掘在其他面向當中更容易與人共事的方式。

b 關係的心態。請見下表。請輪流檢視每一行。你對於生活的心態與展望是什麼？你天生的風

對我來說重要的事	…………………………………	對你來說重要的事
懷疑及／或隱瞞	…………………………………	信任與開放
說	…………………………………	聽
責怪他人	…………………………………	負起責任
保護自己不受傷害	…………………………………	分享與納入他人

格如何？針對每一行，請你在屬於你的特質上打叉。你越誠實，就能在這個表格的練習當中有越多收穫！

c 請標示出你想從左側心態轉變至右側的項目。請你在繼續向下閱讀之前先記得這點。

參考資料

◎Anderson, Gretchen, Mastering collaboration: make working together less painful and more productive, O’Reilly, 2019

◎Goleman, Daniel, Emotional Intelligence: why it can matter more than IQ, Bloomsbury Publishing, 1996

◎Hasson, Gill, Emotional Intelligence Pocketbook: little exercises for an intuitive life, Capstone, 2017

◎Webb, Caroline, How to have a good day: the essential toolkit for a productive day at work and beyond, Pan, 2017

第二章
良好合作的基石：關係與信任

信任是讓組織能夠順利運作的潤滑劑。

前言

建立並維持關係與信任，是良好團隊合作與建立有效客戶關係的基石。缺乏關係與信任，對話就會變得生硬，缺乏合作與投入，績效不彰，造成員工流動率居高不下。

建立關係

你是否曾經在無意間聽到這樣的對話，或是參與過這樣的對話呢？

「布萊恩似乎對這個組織當中的每個人都很了解。他怎麼會有時間?!我光處理工作就忙不完了。」

「我的經理娜里夏習慣指派工作給我，完全不在乎我這個人，要是她知道我的名字就好了，但對她來說我只不過是處理工作的機器人!」

與同事及客戶建立有效職場關係的第一個步驟，就是要擁有建立關係的能力。這意味著要認識你同事這個人，而非將之視為組織當中的工具。

你或許想到某些人在第一次見面時，就能夠立刻與他產生連結，彷彿與他已經認識多年一樣。你是否因為對方與你的背景與興趣很類似，或是用開放、友善的態度和你接近，以及真正有興趣認識你，而讓你們一拍即合?

關係在於強調人與人之間的相同之處，並且將不同之處減到最少。我們往往會靠近像我們的人，像是同類相吸。然而，在職場上，我們往往會和與自身展望完全不同的人共事。要有效利用這些關係，我們必須花費更多時間與注意力來建立關係。

社會智能

丹尼爾・高爾曼（Daniel Goleman）[3]在他有關社會智能的著作當中，說明了關係是一種連結感或「協調感」。智商無法透過學習獲得，但社會智能卻可以透過我們在不同社會情境當中與人相處的經驗當中習得。

我們從成功與失敗當中學習，累積了能夠讓我們有效地面對各種社會情境的技巧。這些技巧包含了口語溝通技巧；能夠習得社交互動的非正式規則或是「規範」；聆聽、同理、扮演不同社會角色的能力，讓我們和其他類型的人相處起來也很自在。工作時的其中一種重要情商，是和他人維持「專業臉」與真正自我之間的微妙關係。

我們可以說關係就是社會智能的展現。有些人具備與他人建立關係的天賦，他們也特別擅長三件事：閒聊，諧調的肢體語言，模仿對方的措辭，以及眼球運動。以下是這三個面向的簡單介紹。

3丹尼爾・高爾曼《情商：為何比智商更重要》（Emotional Intelligence: why it can matter more than IQ），Bloomsbury, 1996；以及《社會智能》（Social Intelligence）Arrow Books, 2007。

「閒聊」

基本上來說，閒聊是將對方視為和自己一樣的人類，並且對他產生濃厚的興趣。很重要的一點是，你必須對他人真的感興趣，並且在進入正題之前，不需要進行機械式的儀式。

典型的閒聊話題包含運動、地方活動與景點、熱門電視影集、交通阻塞，和英國人更是可以談論天氣。你也可以詢問在對方辦公桌上看到的東西，例如一張美麗的風景照，或是最近獲得的證書。經過一段時間之後，你就會了解如何選擇這類的安全的閒聊話題，甚至在你開始做第一份工作之前，就有人警告你「不要談政治與宗教」！

如果你覺得閒聊很困難，那麼請你向擅長此道的同事學習。記下他們詢問的問題，並且注意他如何利用這種方式讓接下來的商務對話更順利。

如果你能夠學會記住他人姓名的技巧，這也會是你的資產，正如達爾・卡內基（Dale Carnegie）所說的：「每個人最愛的詞，就是他的名字。」

另外還有三種能夠幫助你與其他人維持關係的技巧。運用這些技巧，就能夠讓你成為更有效的溝通者。這些技巧分別為：

- 注意其他人的肢體語言
- 觀察與留意他們的遣詞用字
- 觀察他們的眼球運動

注意其他人的肢體語言

你和想要建立或重新建立關係者對話的時候，如果你的身體語言和他們相近，就會非常有幫助。請注意不要在他們每次改變的時候，就立刻改變自己的身體姿勢，而是要在同事改變姿勢時，請在幾秒鐘之後，再改採類似的姿勢。

如果你的肢體語言和自己或是別人所說的不一致，很快就會破壞關係。例如，你看著對方後面的人，想和他四目交接，這就傳達了明顯的訊息，讓你正前方的人覺得他對你來說不重要。因此，在有選擇的時候，對方往往會相信你的肢體語言，而非你所說的話。

觀察與注意他人的遣詞用字

就像注意他人偏好的遣詞用字一樣，另外一條線索就是觀察對方說話或思考的眼球運動。

我們每個人在工作、思考、學習、發揮影響、激勵自己時都有獨特的個人偏好。我們每個人說話時往往都會選擇不同的措辭。如果你與對方運用相同的遣詞用字，那麼你的溝通就會更有效率。

觀察他人的眼球運動

這些眼球運動雖非百分之百精確，卻能夠提供一些線索給你，就像對方的遣詞用字一樣，能夠幫助你建立關係，並且讓溝通變得更容易。

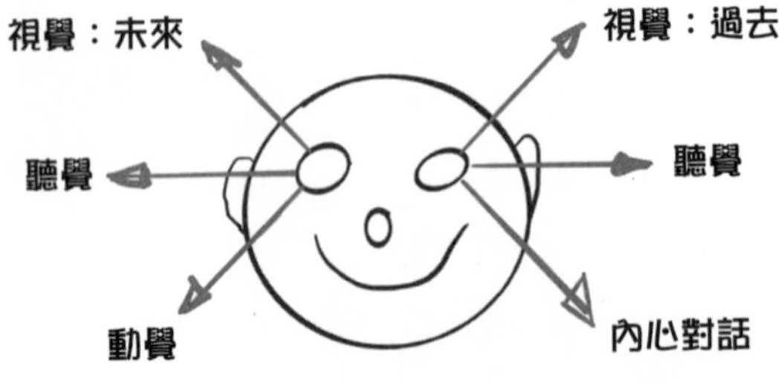

↑觀察眼動以獲得資訊。最早為班德勒（Bandler）與葛林德（Grinder）的《青蛙變王子》（Frogs into Princes）（1979）書中提出的假設，自此之後這個概念便廣為他人引用

若想進一步了解注意他人肢體語言、遣詞用字、眼球運動的資訊，可參考本章結尾處的連結。

建立關係在於進入其他人內心的世界地圖與現實世界當中，並且符合他們的語言偏好、精力狀態、非語言的線索（或是與之同步）。你可以持續與他人同步，並且發揮同理心聆聽，直到你感受到他們已經準備好聆聽你的世界觀為止。接著你們就可以共同創造新的真實，例如：「讓我們接受流失許多客戶的現況，並且認清我們現在有時間在其他地方行銷產品。你覺得怎麼樣？」

建立關係在於為關係定調，因此最初的片刻就是定義關係的時刻。語言以及非語言的溝通創造了交流、開放、溫暖的氛圍，能夠帶來信任。我們會在第五章當中提到更多有關非語言溝通的內容。

我可以信任你，你可以信任我嗎？

這個部分指出了信任的主要成分，以及為何信任是良好工作關係的重要元素。我們接下來會舉出更多例子，說明會損害信任的例子，以及萬一發生問題，你可以用來重建信任的方式。

反思時間

請你花一點時間想想你團隊或是部門當中的三、四個人。這些同事當中，有哪些是你信任的人？

有哪些是你無法信任的同事？

有哪些特質是你信任的同事擁有，但你不信任的同事卻沒有的？

你對其他人的哪些行為，很可能會影響你與其他人之間的信任程度？

我們認為的信任是什麼？

字典將信任定義為「堅信某人或某物的可靠程度、真實性或能力[4]。」大部分「相信」都是情感上的意見，而非科學的事實，因此必定是主觀的，不過這些情感上的意見都是堅定不搖的。其他人很可能對於同樣的情形也會擁有堅定的不同意見。你很可能非常信任你的老爺車，認為車子能夠載你和家人前往兩百五十公里之外的地方度假，但你的朋友卻不信任你的車，認為這種行為真是魯莽又愚蠢。對人的看法也是一樣的。你很可能不信任團隊當中的某個人，但其他同事卻覺得團隊裡有這個人沒什麼不對。大家往往會對某人有種好的「直覺」，但卻無法立刻說出是什麼原因造成這種正面的反應。

在大家價值觀相同的團隊當中，很容易建立信任，這些價值觀可能包含誠實、尊重、公平，這意味著這些同事重視外顯與內隱的承諾，不會佔別人便宜，或是對團隊的其他成員造成傷害。我們會在第七章當中再進一步說明這點。

能夠信任彼此的團隊成員，能夠更為合作，工作時也能更有效率，能夠分享知識與經驗，找出新的點子，甚至在適當的時候冒險，不怕失敗。他們犯錯的時候會承認，並且從中學習，而非找藉口或是責怪他人。

要進一步了解信任從何而來，以及如何藉此建立信任感，我們就必須要探索直覺以及相信以外部份。但首先我們要先來看一下不同層面的信任。

4 Collins Concise English Dictionary

三個信任的層面

信任會出現在三個不同的層面：

1.個人的信任

這點指的就是你個人的承諾，不是做到就是做不到。例如：「今天下午，我下定決心要完成那份報告」。你是否下定決心就會實踐，決定了你個人的信賴程度。

如果你只說自己真正相信的話，言出必行，並且尊重自己的價值觀，那麼你就會對自己與自己的行為擁有良好的感受。你內在的滿足感以及言行一致就會讓其他人相信你，信任你。

2.人際信任

這是你和同事之間的信任程度。這會受

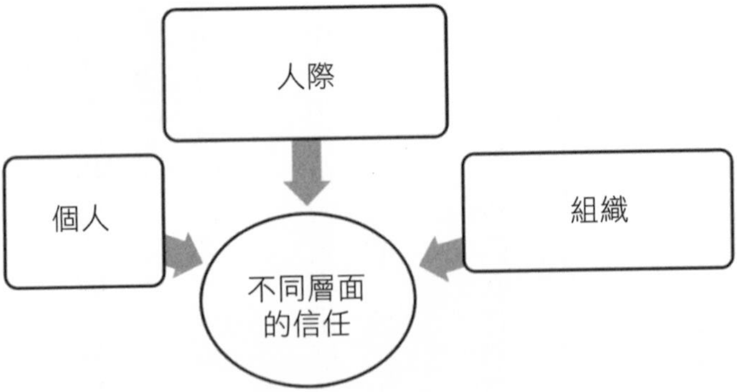

↑組織當中信任的三個層面

到你的自我信任品質影響。例如，你犯下的錯誤遭到公開，或是你未能完成報告導致無法如期完成，這些因為不誠實或是隱瞞所造成的失敗，會讓同事認為你無法信任。

在關係密切的團隊當中，信任是團隊成員之間的一種自信，他們對其他團隊成員都帶著善意，並且沒有理由必須在團隊裡保護自己或是過度小心。基本上，團隊成員之間能夠自在地讓彼此看到脆弱之處。容易受傷的程度，與自身坦承與公開有緊密的關係，包括公開自己的錯誤、弱點、限制等等。那並不是說你必須分享過多個人資訊，讓自己變得非常容易受傷，而是說要準備好為自己的行為後果負起全責，並且在不知道問題的答案時勇於承認。

團隊成員要花多久的時間才能夠信任彼此呢？這取決於像你一樣的團隊成員之間的精力、投入與效率，以及他們所做的選擇。以下這些常見的特質，可作為團隊成員之間是否信任彼此的參考。這些特質包含了：

- 請求協助與建議
- 給予與接受回饋
- 樂於回答工作上的問題
- 專注於需要完成的工作上

- 遠離會在背後說壞話的同事
- 承認他們的錯誤，並且主動更正
- 不須開口就會主動提供協助
- 樂於合作

3. 組織的信任

如果組織的信任度很高，那麼溝通起來似乎就會變得容易許多，重要的資訊也更容易在組織之間流通。反之，組織則會缺乏整體的信任。這種情形意味著董事會運作不彰，公司文化高度政治化，有人會在背後捅別人一刀，大家競相踩在別人頭上以引起注意或是求晉升，少數不良的關係影響了整個組織，不同主管之間的訊息令人感到混淆，或是組織的價值已蕩然無存。

對組織缺乏信任，往往會造成員工離開組織，市佔率下滑，公司、組織、品牌價值的聲譽下滑。

然而，信任無法強制賦予，而是自願的，並且在某種程度上因為你在關係當中開放坦承，而變得容易受傷害。相對的，信任表示認為對方的行為不會對我們有害，或至少不會故意造成傷害；信任意味著我們願意敞開心胸，去聆聽，去相信，或是聽取建議。有些人將信任的門檻設得很高，這麼做的話，很容易就無法對同事開誠佈公；另外也有人將標準設得很低，這樣就必須小心不要因為太早相信別人而受到傷害。

關於信任的常見錯誤觀念

大家都認為建立信任感需要很長的時間，但要是團隊的成員在一段時間當中並非固定的，又如何呢？例如換班、每月輪調，以及為了員工訓練而調職等等，就像那些醫療院所的醫護人員，或是急診服務的人員等等。在這些工作環境當中，如果你要做好工作，那麼幾乎必須立刻信任同事。

我們的經驗以及常見的虛擬或是外派團隊，也打破了一項迷思，就是只有現場面對面才能夠信任對方。雖然見面會較容易建立信任，但這卻非必要條件，我們會在本書的第十三章當中進一步說明這點。

較有用的看法或許是「信任帶來信任」。例如，你信任某個同事或朋友推薦的人時，你就會相信那個人會有良好的表現。如果那個人真的表現良好，這就驗證了你對他們產生的信任。

信任的要素

在你與他人建立關係之後，你在思考是否能夠信任對方時，腦中會浮現什麼？我們對工作坊學員拋出這個問題之後，他們想出了三個主要的因素：團隊成員的個性、可靠度、信用。

信用

羅爾和我在同一天加入團隊。我們的教育背景類似，專業水準也相當，不過他卻得到了最好的工作。同事告訴我你一加入公司之後，主管很快就忘了你的履歷，但我要如何不卑不亢地讓

個性	可靠度
這位同事是否遮遮掩掩；他們是否背後另有意圖？ 他們會承認錯誤或是想要隱藏起來？ 他們會在背後說別人壞話嗎？ 他們會居功或是會怪罪別人嗎？ 我和他們在一起的時候，能夠感到安全無虞嗎？ 他們會接受我的意見回饋嗎？ 這個人的私生活是不是有讓我無法信任的地方？	他們的可靠度名聲如何？ 他們向來都表現得很好並且很守時嗎？ 他們是否感到自滿？ 他們是否把太多工作攬在身上？ 簡言之，我可以信賴他們能夠準時完成工作，並且在預算之內達到大家議定的水準嗎？

主管知道我的技能與專業知識？

透過別人的雙眼來看，信用代表「我是否有證據，我是否能夠完全相信你可以勝任這份工作，或是你在與潛在客戶碰面時，能夠成為組織的良好代表？

由於主管很快就會忘記你履歷當中的內容，因此請不要誤認為別人想當然爾知道你的並且了解你的信用。你很可能需要提升自己在團隊或組織當中的能見度，並且想辦法提醒別人你具有哪些能力，這樣在有利的機會來臨時，你才不會遭到忽視。

你的信用或是缺乏信用，在與組織外的客戶或其他人會談時尤其明顯。你可以提供下列的證據，來展現你的信用：

- 你對於他們的產業或領域方面的認知
- 你相關的教育背景與專業證照
- 你目前組織與前僱主的信譽
- 在不揭露對方名稱的情況下，提及你曾經共事過的客戶類別，以及專案的大小與複雜程度。
- 你的工作職稱，你是否曾經擔任過（專案）管理的角色，以及你團隊的

大小

- 與你想承接工作類似的過去相關經驗
- 能用來展現你專業知能的著作或是公開演講
- 你的履歷，以及你社群媒體的社團（請先確認內容良好並且已更新）
- 你主動參與的社群媒體社團，以及在組織技術電子報上的投稿，或是你對專業組織在當地的分支組織有什麼貢獻

信任如何會被破壞

信任來時如步行，去時如騎馬。（中國諺語）

信任需要維護，就像建築物一樣。如果沒有悉心維護，很可能就會出現縫隙或裂痕。下方舉出一些信任可能遭到破壞的例子：

團隊當中的個人如果落入相同的行為模式當中，以上這些問題就會被放大，例如他們習慣在背後說長道短，或是遮遮掩掩。

個性	透露你所知屬於極度機密的資訊 和同事冷漠有距離 不分享可能對同事有用的資訊 不誠實，例如請款或是私生活
可靠度	只完成部分工作，讓同事感到失望 因為自滿而不如過去可靠 把個人問題帶入工作當中，持續讓這些問題影響你的工作及／或同事的工作
信用	誇大自己的知識或能力 認為自己的地位高過職銜

組織信任的瓦解，會壓垮整個組織。程序與流程會變得更流於形式。沒有信任的話，個人之間就比較不願意分享資訊，往往會傾向獨立工作，以在自己的責任範圍獲得最大的掌控權。缺乏合作與資訊分享，往往會造成工作與努力重複，因此浪費許多時間。這樣就會造成個人的工作份量增加，例如正式與非正式地檢視同事的工作，會讓整個組織的產能減少。大家必須浪費時間與經歷在無益的「政治」活動上，以及類似裝聾、八卦、指責、爭吵的無益的行為上。

這樣的組織令人待起來很不自在，很有壓力，造成的副作用往往是客服品質低落，利潤減少，以及員工流動率變高。

信任遭到破壞時，你能夠重建嗎？

信任是任何關係的基石，所有穩定的關係都建立在這點之上，但人非聖賢，我們偶爾也會犯錯，讓別人感到失望。在信任被破壞之後，會覺得破壞的關係難以修復，但到底有沒有機會重建關係呢？

是否能夠重建信任，取決於幾項因素：

- 組織對錯誤的態度。有些極重視創新的公司，會把大部分的「錯誤」視為回饋與學習的機會，但很可惜這樣的組織並不多
- 你與對方目前的信任程度。如果你與同事之間的信任度很高，那麼原諒的速度可能很快。相反地，如果信任度遠本就很低，或是你曾經讓對方嚴重失望過，那麼就算能夠恢復信任，也很可能需要花上好幾個月的時間，甚至難以修復
- 對方的想法與價值觀；有些人很快就能「原諒與遺忘」，有些人卻會記得那種失落感好幾個月，甚至好幾年

雖然你無法改變他人，但卻可以決定自己要如何處理錯誤與失敗，這點會影響信任修復的程度與速度。雖然看似矛盾，但如果問題處理得好，信任的程度可能會比之前更高。有些人誤以為用說的就能夠解決信任的危機，但通常都行不通。行動比言語更有力。例如，立刻承認自己的錯誤，並且主動表示要用自己的時間重做那項工作。

在你了解以上觀念背後的意義之後，你會發現以下的流程相當有用：

1. 深感抱歉並且完全承認自己所犯的錯。
2. 說明誰曾經或是很可能會受到錯誤影響。
3. 建議該做哪些事修正，以及你願意自己動手彌補錯誤。
4. 承認這件事情很可能會損害你和同事之間的信任，並且說自己將會做什麼事來修復信任。

反思時間

你是否曾經有過信任感很低甚至是破裂的關係？

你可以採取什麼樣的步驟來修復關係？

結論

團隊要有良好的表現，以及擁有愉快的工作環境，同事之間的關係就必須擁有高度的信任，如果工作量大，時限又相當緊湊的時候更是如此。建立信任需要時間與努力，需要有公開、誠實、透明的溝通與同理、善意、耐心、原諒他人的心才行。同時也需要團隊當中的所有成員共同合作，擁有同樣的共同目標，並且相互倚賴對方才能完成工作。

切記你不需要百分之百信任同事，不是要把你的性命交給他們。因此，如果你將能夠把性命交給別人的信任視為百分之百的信任，那麼你就可以把對同事的信任標準設定得低一點。

最後，信任意味著創造安全的環境，讓每個人都能夠暢所欲言，不會擔心別人聽到他們的話。這有時候包含了為了持續改善以及共同解決問題以達到共同目標時，必須分享一些令人感到不舒服的真相。要建立良好的團隊合作關係，完全有賴團隊成員決定做出什麼選擇。希望藉由閱讀本書，你已經決定扮演好自己的角色，讓你的團隊達到最佳的狀態。

職場應用

a 寫下和你合作最密切者的名字，包含你的經理以及關鍵的（內部）客戶。你和每個人之間的關係與信任程度如何？你要如何進一步改善關係？

b 你對最密切合作的同事透露更多有關自身工作與個人生活的資訊時，可能必需承擔哪些風險？

c 你認為自己與高階領導團隊以及關鍵客戶之間的信任度如何？如果你覺得程度需要提升，我們剛剛提到的那些訣竅當中，哪些對你來說最實用？

d 歡迎你多加利用www.learningcorporation.co.uk/Library當中的四項實用資源：

- 「你偏好的遣詞用字」。這個練習能幫助你早出自己最喜歡／不喜歡用的字詞。多練習你最不喜歡用的字詞能幫助你用同事以及客戶能聽懂的方式和他們溝通
- 有關透過觀察他人肢體語言、遣詞用字、眼球運動來建立關係的詳盡說

明

- 「周哈里窗」（Johari Window）—請你自己做做看
- 「什麼因素幫助我們信任團隊當中的人？」

參考資料

◎Apps, Judy, The art of conversation, Capstone, 2014

◎Blanchard, Ken, Olmstead, Cynthia and Lawrence, Martha, Trust works! Four keys to building lasting relationships, HarperCollins, 2013

◎Fine, Daniel, The small talk guidebook: master the unwritten code of social skills, independently published, 2019

◎Knight, Sue, NLP at work – the essence of excellence, Nicholas Brealey, 2009

◎Kouzes, James and Posner, Barry, Credibility: how leaders gain and lose it, why people demand it, 2nd edition, John Wiley & Sons, 2011

第三章

只有我不一樣嗎？與不同人格特質的人共事

前言

你不必是人類學博士，或是其他學科的博士，就能夠明白每個人都是獨特的。我們的外觀不同，擁有獨一無二的指紋，我們的眼睛與耳垂的某些部分也是獨一無二的。和同一群人共事幾星期之後，你會開始注意每個人的工作模式都有所不同，有些差異則相當顯著。

如果你無法了解為何每個人的行為有所不同，那就很可能會造成誤解與衝突。相反地，如果你了解這些差異，或是至少能夠不批判別人的偏好，你很快就會了解如果能夠重視這些差異，團隊就會變得更有創造力，更能夠探索機會，也能夠用更明智的方式來解決業務問題，因為你和你的同事能夠用不同的角度看待這個主題。例如，在研究團隊當中，人格特質類似的人無法解決當下發生的問題。直到他們聘請了人格特質迥異的人，過了幾星期之後，他們才有辦法永久解決嚴重的生產問題。

了解大家面對新挑戰與學習機會的偏好方式，能夠有效增進個人與團隊的學習、關係、你溝通時的遣詞用字，研發訓練工作坊，向客戶提案，以及研發專業的測驗。

了解差異並且利用差異有效地工作，是極為重要的一件事，因此我們會花好幾章的篇幅說明這點。在第四章當中，我們會檢視觀念的差異之處。在第八章當中，我們會處理大家面對改變的不同態度；在第九章當中，則會提到鼓舞大家的不同方式。第十章裡，會說明找出個人長處的方式，在第十五章當中，我們會更詳細地檢視文化差異。

在本章當中，我們會從探索少數常見的心理計量分析與其他評測不同人格特質的工具開始。你可以放心，這些當中沒有任何一個可以測量智力或能力。我們其實可以納入其他的測驗，不過我們的目標只是要讓你了解在工作時會出現的不同人格特質。

你喜歡用什麼方式學習？

學習圈與學習風格

一九七〇與八〇年代時，哈佛大學的教育家大衛・庫柏（David Kolb），提出了學習圈與學習風格的概念。他主張若要讓學習完整，個人（也適用於團隊合作）應該經過四個階段：

一九七〇與八〇年代，兩位英國教育家彼得・霍尼（Peter Honey）與艾倫・蒙福德（Alan Mumford）根據庫柏的研究研發了自己的學習圈以及學習風格問卷。自此之後，他們便加深與加廣了該領域的研究[5]。他們用來描繪學習圈的四個步驟為：1. 行動型 2.

5 http://www.peterhoney.org/articles/who-are-honeymumford/

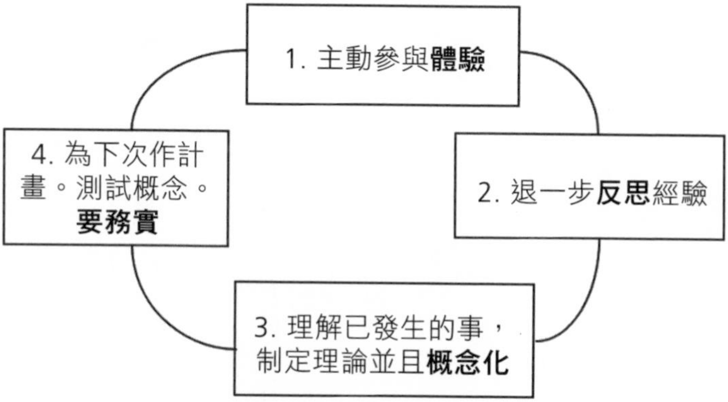
1. 主動參與**體驗**
2. 退一步**反思**經驗
3. 理解已發生的事，制定理論並且**概念化**
4. 為下次作計畫。測試概念。**要務實**

↑組織當中信任的三個層面

反省型 3.理論型 4.實際型。

你很可能在每一種學習風格者身上觀察到這些行為：

- 行動型的學習風格就是直接採取行動，由做中學，接著就直接進入下一項任務
- 反省型偏好克制自己，讓別人帶頭開始在會議當中發言
- 理論型偏好的學習風格是先理解背景觀念與架構
- 實際型的偏好是先滿足該主題或任務對自身、組織及／或客戶的實用價值

你可以在www.learningcorporation.co.uk/Library上看見有關四種學習風格的個案研究。

在日常工作當中，你很可能跟其他人一樣，其中有一兩種風格較為明顯。因此，你很可能運用偏好的學習風格來工作，而忽略你較不喜歡的風格。

在大部分的商業組織當中，比起偏好反省型、理論型、實際型的人，行動型往往最容易受到矚目也最容易受到報償，因為他們往往能見度較高，較為主動，並且「會做事」。請你想想在團體會議時，你與同事的行為。先開口說

話，或是站起來寫白板的人，是不是都是同一個人？退縮的人是否都是同一群人，雖然你很肯定他們很可能會對會議有重大的貢獻？會議當中是否四種類型的代表都有？或許你們都擁有同樣的強烈偏好，就像我們共事的銷售團隊，都強烈偏好行動型。

反思時間

你面對新任務時，通常會採取什麼方式？你要如何透過刻意花更多時間在自己較不偏好的風格上，藉此提升自己的個人學習？那你的團隊如何呢？是否對某一種風格有強烈的偏好？若是如此，這個團隊要如何補強較弱的偏好？

每一種風格都很寶貴，無論團隊或個人都必須要體驗過這四種風格，才能夠稱得上完整[6]。

6 D. A. Kolb, The cycle of learning, McBer, 1985.

撰寫「教訓」或學習日誌

你和團隊是否會定期停下來反省整份工作，或是特別（不）成功的簡報或會議？如果沒有的話，我們建議你每週至少完成一次下列的表格。這份表格是根據下列四種學習風格所擬定的。

多元智能的概念

我們都了解個人、團隊、組織持續學習的重要性。在業務環境當中，學習速度較快，是組織維持競爭優勢的主要方式。讓持續學習變得容易且愉快的方式，就是發現自己偏好吸收資訊的方式。霍華德・加德納（Howard Gardner）博士[7]主張傳統基於智商的智能概念，過於強調這點，傳統上比其他

7 Howard Gardner, Intelligence reframed: multiple intelligences for the 21st century, Basic Books, 2000.

發生了什麼事？經驗（行動）	我／我們從這件事情當中能夠得到什麼結論？（反思）	我／我們下一次必須如何，或是做什麼不一樣的事？（進一步的研究與規劃）
經驗一		
經驗二		

「智能」更受重視。他主張智商測驗主要注重在語言及邏輯數學能力，其他內在遺傳的多方面能力也應該受到注意。因此，他提出了七種不同的智能（後來擴增至九種），來描述範圍更廣的人類潛能，這些可以用於學習過程上。

智能	一些人格特質	你很可能會聽到的內容
動覺	透過指尖實際操作學習；「肌肉記憶」。	我對工程的興趣始於我在七歲時的一套麥卡諾玩具。請把那個玩意兒遞給我。
視覺／空間	喜歡「大方向」、圖表、心智圖、不擁擠的圖表。	我們把這個整理好放入圖表當中。這張圖片說明了我們想要傳達的內容。
人際	喜歡人際接觸，對其他人的心情與感受的敏感度。	我們下次開會時再詳細討論這點吧。我比較希望能夠碰面討論，而不是用電子郵件回覆意見。
內省	偏好獨自學習且令人滿意的團隊成員。	我會把這份文件帶走，默默地研究。
音樂	對聲音與背景音樂很敏感！	我們來處理這個改變城市的節奏。
語文	喜歡閱讀、寫作以及聆聽好講者說話。	我發現記憶術對記憶相當有幫助。
邏輯／數學	喜歡有系統，並且能夠將挑戰分解為有邏輯的步驟。	你提案背後的邏輯是什麼？我可以看一下統計數字嗎？

學習與工作關係的意涵

- 雖然你可能具備所有的智能，但其中可能只有兩三項較為明顯，成為你最突出的傾向
- 你往往會用自己最明顯的傾向方式與他人溝通。但你偏好使用圖表與圖片，並不表示這會讓其他團隊成員買單。佛瑞德．巴納德（Fred Barnard）所說的：「圖片勝過千言萬語。」並不適用於所有的人。溝通時的訣竅就是要運用不同的智能。
- 認為同樣職業的人都有同樣的傾向是相當危險的事。例如，語文很可能不是律師最強的偏好，我們也清楚記得全球團隊的合格會計師的邏輯／數學傾向，平均來說，是他們排名第三的傾向
- 從你自身的偏好開始學習，是最有效率的方式，能夠激勵自己學習新知。若要深入了解，那麼你就需要運用其他的智能
- 你的同事與客戶很可能透露一些線索，例如字彙與片語，以及他們最喜歡的休閒娛樂，讓你知道他們偏好的智能
- 有時候，雖然你們要表達的是同樣的東西，但其中一個人用「大方向」的視覺／空間傾向，另一個則是依照時間順序思考與說話，用具體的詞

彙，或表達他們的感受，很容易就會造成「暴力妥協」。

我們偏好吸收與傳達資訊的方式

在我們的工作生涯當中，有些時候某些專門幫助組織改善與員工及客戶分享知識的方式會深深吸引我們。以下即是其中一個簡要的範例。

以科學為基礎的組織販售產品給農民以及園藝家。公司僱用了科學家以及銷售團隊舉行研討會讓大客戶參加，目的在於希望這些人能夠購買公司的產品。這些研討會的結果相當失敗。我們問他們如何舉行研討會。他們把簡報內容給我們看，結果裡面是一堆極為「琳瑯滿目」的投影片，每張當中都塞滿了文字、圖表、表格、色彩（大部分的PowerPoint投影片都缺乏力量，也全無重點！）這些員工也讓我們看他們發給大家的手冊，當中充滿了技術的資訊。

我們詢問客戶，請他們描述農夫和園藝家會用何種方式了解土壤、農作物、農產品的情形。他們說，這些人都相當務實，例如他們會直接觸摸小麥，看看是否已經能夠收成了，也會抓一把土，讓土壤從指縫流瀉，感受土壤的狀況。似乎農夫偏好利用動覺的方式吸收新知，也就是使用觸碰與親手觸摸的方式。他們位居次要的偏好則是運用視覺，也就是視覺／空間的偏好。他們也喜歡能夠與其他人碰面的機會，一起討論共同感興趣的話題（人際學習）。

在之後做簡報的時候，我們的客戶把投影片與手冊留在辦公室裡不用，而是改發給每位與會者一小瓶他們要討論的產品。每樣產品的瓶身用圖片與文字說明產品成分，如何使用，以及安全警告，結果學習與銷售的成果都非常成功。

如果你想進一步了解自己偏好的多元智能，可參考本章結尾的連結。

你是任務導向或是以人為導向的人？是思緒敏捷的工作者，還是深思熟慮且步調較慢的人？

請你看一下以下的四種工作型態。哪一種最符合你的工作型態？就像我們在此描述的其他人格特質一樣，沒有所謂「正確的教科書標準答案」，也沒有任何一種比其他的好或壞。然而，對於每種類型的強烈偏好，都各有優缺點。

和其他類似的練習一樣，你發現描述的內容大致上與你相符時，不要期望你與這個風格描述的內容完全相符。你可能同時符合兩、三種風格，但其中一種風格較為明顯。

風格一	風格二
喜好社交，喜歡樂趣，容易溝通，精力充沛，喜歡和同事相處，健談，容易覺得無聊，喜歡開玩笑，因此所說的話不容易被當真	具有親和力，似乎每個人都喜歡這個人，關懷體貼，有耐心與包容，總是願意承攬工作，喜歡在團隊當中擔任老二，經常鼓勵他人
風格三	**風格四**
對於大小目標躍躍欲試，思考敏捷，以工作為導向，可能較不會察言觀色，或是對別人較為強勢，比較會「指使」他人，喜歡擔任領導的角色，對他人很可能沒什麼耐心	以操作、處理、任務為導向，做事周全，完美主義者，偏好架構以及清楚的程序，仔細思考問題，擔心沒有以正確的方式做事，不喜歡改變、冒險、做出重大決定

如果你綜觀以上的描述之後，最明顯的風格是第一或第二種，那麼你就是以人為導向的風格。如果你是第三或是第四種，那麼你就是以任務為導向的人。如果你是第一或第三種，那麼你很可能是思考速度快的人，完成任務的速度也快。若屬於第二或第四種，意味著你偏好深思熟慮，比第一與第三型同事的工作速度慢。

有關工作關係的意涵

- 請用你偏好的風格，並且想像與你共事的同事正好是斜對角完全相反的風格。如果你感受到很大的壓力，很可能會讓你們遇到什麼困難，甚至是衝突？大部分時候，都是由誰負責和客戶或是直屬主管談話？另外一位能夠欣然接受總是位居幕後的情形嗎？
- 我們知道自己往往會雇用思考模式類似的人，因此假設你和小組的其他成員都偏好相同的風格。你們共事的時候，會有忽略什麼主題的危險呢？

兩個工作模式不同的人，如果能夠尊重與信任對方，就能夠讓不同的工作風格偏好與能力達到互補的作用，發揮一加一大於二的效果。

如果你想要進一步了解這點，可以參考www.insights.com等網站。

你在職場當中的非正式角色是什麼？

你是否曾發現團隊當中有位成員擅長提出新點子，另外有的成員會開始做事，卻往往無法堅持到底把事情完成？或是你是否遇過有同時總是有條不紊，能夠找出團隊當中的錯誤，或是有同事交際手腕高明，是個擅長聆聽的人，能夠讓事情順利地進行？這些就是所謂的「非正式角色」。

一九七〇年代時，馬里地斯・貝爾賓（Meredith Belbin）博士研究了許多不同類型的團隊。他觀察了團隊中每位成員的行為，發現團隊成員會因為個人的偏好，扮演不同的非正式角色。他最早發表有關團隊角色的研究時[8]，表示有八個主要的非正式角色，例如完成者、資源調查者、監察員。後來他再新增了第九個角色，就是專家。

貝爾賓後來製作了「團隊角色表」，許多團隊後來都採用這個表格以獲得幫助，首先，讓他們了解在九個角色當中的優點與缺點，第二，討論如何藉由

8 M. Belbin, Management teams: why they succeed or fail, Heinemann, 1981.

扮演缺乏或較弱的角色來改善自己的表現。

你可以前往www.belbin.com以進一步了解馬里地斯・貝爾賓以及他提出的團隊角色。

卡爾・榮格（Carl Jung）以及邁爾斯・布里格斯（Myers Briggs）

許多目前使用的心理計量工具，都是根據知名心理分析師榮格的著作而來。他提出了有關每個人「性格」與「傾向」的有趣概念，後來由凱薩琳・布里格斯（Katharine Briggs）以及女兒伊莎蓓兒・布里格斯・邁爾斯（Isabel Briggs Myers）大力推廣。一九四〇年代時，他們發明了知名的邁爾斯・布里格斯性格分類指標（MBTI）[9]。

簡單來說，「性格」可定義為我們行為舉止背後的偏好，也就是天生的人格特質，但卻受到環境與我們自身選擇的影響。

9 The Myers Briggs Foundation, www.myersbriggs.org

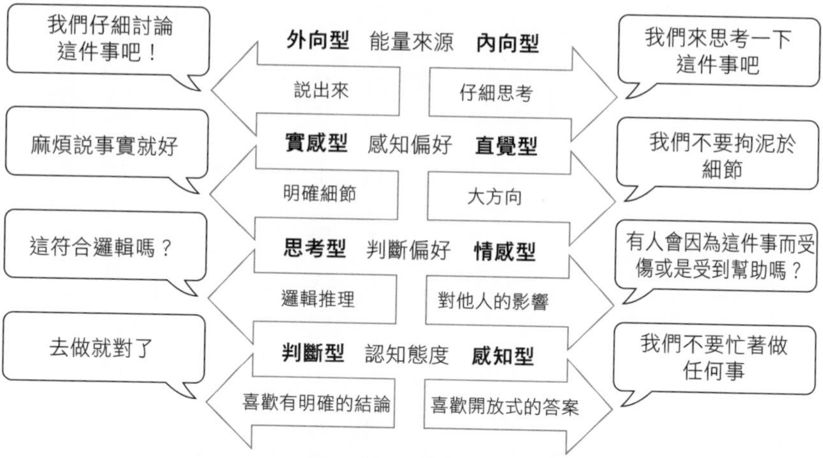
我們仔細討論
這件事吧！
外向型 能量來源 內向型
我們來思考一下
這件事吧
說出來
仔細思考
麻煩說事實就好
實感型 感知偏好 直覺型
我們不要拘泥於
細節
明確細節
大方向
這符合邏輯嗎？
思考型 判斷偏好 情感型
有人會因為這件事而受
傷或是受到幫助嗎？
邏輯推理
對他人的影響
去做就對了
判斷型 認知態度 感知型
我們不要忙著做
任何事
喜歡有明確的結論
喜歡開放式的答案

↑邁爾斯．布里格斯性格分類指標的八種主要思考流程

如上表所示，MBTI工具主要將人分為下列的四組：

外向型（E）與內向型（I）

實感型（S）與直覺型（N）

思考型（T）與情感型（F）

判斷型（J）與感知型（P）

MBTI當中運用的詞彙，例如「內向型」、「實感型」、「判斷型」等，都具有特殊的意義，與日常生活的用法並不相同。

我們並不希望讓你覺得每一對當中，例如「思考型」與「情感型」是完全二分的。每個人都能夠運用這十六型的人格特質，只不過不是同時展現，但通常會輕微或強烈地展現某種人格特質。如果你對於其中一種或是幾種人格特質，那麼你的挑戰就是要在自己的行為之間取得平衡，讓你與客戶及同事之間的合作更為順暢。

如果你的工作需要花很多時間處在不屬於你偏好的環境當中，那麼你就會覺得格外費力，長時間下來也會感到壓力很大。例如，多年來，我們看過許多人資主管在工作上感到很不自在，這是因為他要「打入」其他高階主管群，就必須表現出不屬於他們原本的風格。

MBTI是最深入也是研究最詳盡的性格分類指標，能夠幫助你了解自己與其他人。MBTI回饋報告能夠幫助你更了解自己偏好背後的意涵，也能夠基於這份報告來改善個人影響力以及與同事共事的關係。

DISC

心理計量工具的數量多到不勝枚舉，其中最知名的就是DISC。這套測驗由測謊器發明者威廉・莫爾頓・馬斯頓（William Moulton Marston）所研發，並且由心理學家瓦特・克拉克（Walter Clark）進一步改良，從一九五〇年代開始廣泛運用，可說是目前全世界運用最廣的心理計量工具。DISC人格取向測驗著重在四項不同的人格特質：支配型（D）、影響型（I）、穩健型（S）、分析型（C）。

心理分析工具的優點與限制

你並非只有自己屬於的心理類型，而是遠多於那些。

首先，我們要澄清一下說法。心理分析工具並非測驗；這些不是用來衡量智能、能力、心理穩定度、成熟度，大部分的也無法或是很難衡量投入程度、決心、熱情、經驗、野心。這些工具不會把你視為一個人來定義。通常，你要聘用人的時候，最好要進行面談，看看他們是否能夠勝任工作內容。

心理分析工具主要是分析偏好，而非技巧，也是對於某個時間點的你某部分的快照。你回答每個問題的方式，很可能會因為你是否覺得精力充沛與充滿熱忱，或是筋疲力盡以及情緒低落而有所不同。你對問題的回答也會因為根據最近特定的良好或不良經驗而有所不同，或是根據整體的情形作回答。沒有哪一種偏好原本就比另一種「更好」，分析的結果也無法針對所有的個人或團隊的挑戰提供解決方式。

然而，這些工具卻能夠讓你透過反思與學習，作為自我發現的起點。此外，在處於高度信任的環境當中，這些工具提供了機會與語言，讓你能夠用不帶成見的方式來討論不同之處，讓團隊成員能夠找出能夠有效共事的方式。

以下是使用心理分析工具的衛生與安全公告……

衛生健康公告

對手上有榔頭的人來說，他遇到的每樣東西看起來都像釘子一樣。

（馬克．吐溫）

一個人只要符合運用心理分析工具或是其他給予回饋的工具時，往往會躍躍欲試想要運用這種工具。但很可能會有在不適用的狀況下運用工具的危險。例如，這種工具可能不適合用於招募，或是用來決定要晉升誰。此外，在於信任度不高的環境當中，運用這種工具可能別有目的，例如，想要操弄某種結果，或是用來嘲笑團隊當中的某個成員，例如：「你別期待她會做決定，她是感知型的！」

如果有人要你做心理分析測驗時，你應該要問以下的問題：

- 我們運用心理分析工具時，想要達到什麼效果？
- 這個工具是最適當的工具嗎？
- 我要如何從這些測驗的結果當中獲得回饋？
- 還有誰會看到我的分析結果？
- 其他人清楚工具只能夠用來分析偏好，而無法分析智能或能力？
- 進行這種人格分析的活動之後，會有什麼後續活動，以及用來進行後續研發的活動（包含自己的或是團隊的）？

請小心線上人格「測驗」：

- 了解理論的來源
- 請上網搜尋看看是否有紮實研究的基礎與有效結果作為證據
- 請你有心理準備，要付費才能做經研究證實的人格工具問卷：認真的研究相當昂貴
- 網路上提供的長篇測驗縮減版很可能造成誤導的結果

請不要自行接受測驗

透過網路問卷傳遞的「冷」資訊很可能沒有幫助，甚至會造成毀滅性的後果。請你從合格的教練或是導師處取得回饋。在你聽取專業人士報告的時候，對方會讓你了解工具的限制，並且幫助你運用對你有益的部分，並且拋棄不適用於你身上的部分。

信任與保密

心理分析工具應該保密。然而，如果團隊的成員能夠彼此信任，並且能夠公開談論他們之間的個人差異（與相同之處），那麼帶來的正面效果就會相當可觀。

結論

存活下來的物種不是最強壯的，也不是最聰明的，而是最能適應改變的。

（查爾斯．達爾文）

本章當中提過的一些範例工具能夠幫助你提升對自己的認知，建立更好的關係，並且在自己的職業生涯當中發揮更大的影響。今日的工作環境變化相當迅速，意味著每個人除了具備專業領域的知識與技巧之外，都應該能夠扮演多種不同的角色，能夠應付高壓的環境，具有創意，並且能夠迅速學習。越了解自己與自己的偏好，也能夠幫助你更了解如何能夠加強自己較不喜歡的類型，讓你能夠在工作上發揮更大的效果。

瀏覽許多心理分析測驗與可用的診斷工具，可能會讓你感到相當困惑。在運用任何工具之前，請先閱讀本章的「衛生健康公告」，並且切記：

- 偏好與智能、常識、技巧、能力不該混為一談
- 你不該受限於人格偏好的結果
- 沒有人能夠「告訴」你你是誰，但有一些方式能夠讓你更了解，在自我發現的旅程當中幫助你，並且達到更好的效果

心理計量工具經常都會經過檢閱與更新，以確保能夠維持相關與適用。隨著神經科學的進步，我們漸漸了解儘管大家的大腦實體結構與神經結構都相當類似，但每個人卻都是獨一無二的。

職場應用

a 如果你有強烈的偏好，那麼請你回顧過去幾週以來的情形：

- 你日常工作與私人生活當中的顯著好處；或是
- 造成失望、挫折、衝突的原因？

b 你較不偏好的人格是否造成了表現不佳，或是個人不滿的情形？若是如此，你要如何增強這些特質，並且增加自己在工作團隊當中的影響力？

c 你想要進一步探索哪方面的人格特質，以進一步發現自己以及自己與他人的關係？

d 你在團隊當中通常扮演何種角色？如果你努力嘗試扮演團隊當中的其他腳色，可能會有什麼發展與晉升的機會？

e 如果你想要更了解如何在工作方面讓自己的學習偏好發揮最佳效果，那麼請你參考www. learningcorporation.co.uk/Library的多元智能問卷。

f 如果你發現擁抱多元性的概念讓你感到相當具有挑戰，那麼請你檢視所謂的多元認知階梯，你可以前往www.learningcorporation.co.uk/Library以進一步了解

參考資料

◎Belbin, R. Meredith, Team roles at work, Routledge, 2010

◎Gardner, Howard, Multiple intelligences: new horizons in theory and practice, Basic Books, 2006

◎Kroeger, Otto and Thuesen, Janet M., Type talk: the 16 personality types that determine how we live, love, and work, Dell Publishing, 2013

◎Kummerow, Jean M., Barger, Nancy J. and Kirby, Linda K., Work types: understand your work personality, Grand Central Publishing, 2010

◎Murden, Fiona, De ning you: how to pro le yourself and unlock your full potential, Nicholas Brealey, 2018

第四章
心態與關係

我們不是用世界本身的方式看待世界，而是用我們自己的方式看待世界。

——《塔木德》

前言

我們在第一章結尾之處簡單介紹過心態的概念。「心態」也可以說是「心裡的認知」、「典範」、「心理架構」、「對生活的看法」，涵蓋了生活的各個面向。我們每個人對於不同的主題，例如我對們的能力、業務主管、我們從業的市場、社群媒體、千禧世代、各別同事都有許多不同的心態。

我們的心態由許多不同的面向建構而成，例如我們的教養、環境、理念、想法、動機、個人價值觀。大部分習得的心態依舊會發揮影響力，也可以運用在我們的關係當中。其他的現在看來可能有些過時，不完整，或者根本就是錯的。

在本章當中，我們想要和你分享一些思考模式影響行為與關係的方式，這些往往會帶來負面的影響，同時也提供一些建議，教你如何習得其他更多有幫助的心態。

為何心態在關係當中極為重要

我們之所以無法擁有健康的工作關係，以及維持內心狀態的健康，最大的障礙就是我們自己想法的羈絆。你在工作上有多常聽到這樣的評論：「我認為他想把我調去其他部門」；「她一直都不喜歡我」；「你支持還是反對這個點子？」

我們都曾經有過這樣的經驗，就是某個想法在腦中好幾天都揮之不去，這多半是負面的想法。每次這種想法出現在清醒的腦海中時，這個想法就益發強烈。不久之後，這個想法就變得非常真實，像是實體的障礙一樣，我們就會覺得受困其中。

這種想法非常瘋狂，不是嗎？一個無形的想法，能夠對我們的行動與關係造成實體的限制。要是有人說：「這個專案最後會是一場災難」，我們希望在這種說法引發一連串行動，讓失敗成為事實之前，你可以起來挑戰他。正如麥克．杜利（Mike Dooley）[10]所說的：

做出明智的選擇，讓想法變成事實！

你看初越多他人固定不變的心態，尤其是自己的這種心態，就越能夠讓自己的想法活化，發現其他的選項，建立更好的關係。我們來看看處在特定心態當中會做的一些事。

心態的運作

簡單來說，我們的心態會對行為造成重大的影響，行為則會帶來令人滿意或不滿的結果。

例如，你受公司指派要去見一位之前沒見過的潛在客戶。你認為那個市場的競爭相當激烈（心態），因此你努力向客戶說明自家產品的獨特性（行為）。後來你得知失去了這位潛在客戶（結果），因為對方覺得很有壓力，你

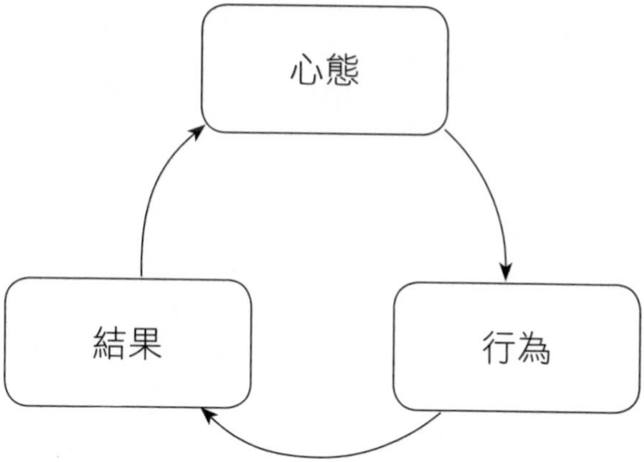

↑我們的心態如何決定結果

也沒有聆聽他的觀點與需求。

在結果令人滿意時，往往就會強化心態，很可能會讓你在為未來繼續保有相同的心態。在結果不如意時，你很可能會反思自己做過的事，並且下定決心在未來會更努力（行為）。然而，難道做更多你已經做過的事，就是達到你希望結果的必然解答嗎？

> 如果你總是做自己已經做過的事，那就會得到總是得到的結果。
>
> （亨利．福特）

10 M. Dooley, Choose them wisely: thoughts become things! Simon & Schuster, 2009.

請你不要聚焦在上次做過的事，而是要檢視自己的心態，往往這就是導致結果未能盡如人意的原因。

你可以加入額外的階段，也就是「反思與創造新的心態」（如下圖）：

以下舉個你可能會重新思考心態的例子。你很可能會對自己說：

都鐸和我都是團隊的領導者。他的工作量和我的相當，但平均來說，我每天的工作時間都比他多1.5個小時。我們的業務主管似乎也很滿意他的工作成果。或許如果我採用他處理工作的看法（心態），尤其是授權的方式（行為），那麼我就能夠減少自己的工作時數，讓自己的工作與生活更能夠維持平衡（結果）。

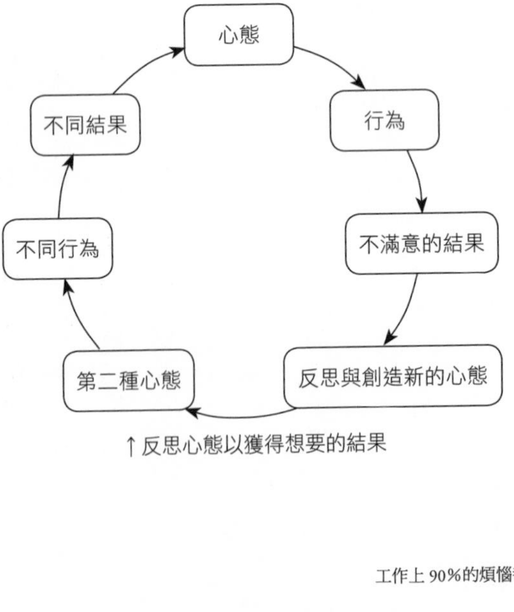

↑反思心態以獲得想要的結果

反思時間

你是否想要改善某段關係？你可以改變什麼樣的態度或看法（心態），讓狀況能夠有所改變？有什麼是你特別不喜歡的工作嗎？同樣的，改變心態很可能會讓生活變得更愉快。

心態如何運作—理念與假設

正如本章開頭所言，組成心態的關鍵要素是理念與假設。我們會從教養、所受的教育與生活經驗當中累積一些理念、假設、態度。我們會認為這些在日常生活當中與居住的世界當中都是真的，但實際上這些都是情感上持有的意見，往往也沒有或很少有證據能夠支持這些。由於我們的理念與假設對自己來說是真實正確的，因此這些造成的心態很可能難以改變。

畫地自限理念帶來的毀滅性力量

無論你認為自己做得到或是做不到，你都是對的。

（亨利．福特）

以下舉出一些畫地自限的理念。你覺得當中有哪些很眼熟嗎？

- 如果你信任別人，別人就會佔你便宜
- 我沒辦法相信沒見過面的人
- 我因為y所以做不到x，例如因為我是團隊的新人，或是我年紀太輕
- 我說的不值得聽
- 我寧可在會議當中維持沈默，也不希望自己看起來很蠢
- 我不會做出改變，你沒辦法教會老狗做新把戲
- 我不會改變自己的行為，我就是我
- 大家認為我很無趣，因為我比較不喜歡參與公司業務的發展
- 我工作過勞，一定是我的能力不足

你會發現在以上的例子當中，畫地自限的觀念是種自我保護機制。但我們

是否過度保護自我？我們是不是對一切都一概而論（請見本章之後的說明）？

只要了解神經科學[11]，就能夠幫助你找出讓自己受限的事物，或是讓你無法過著快樂成功生活的絆腳石。

自證的預言

某些理念與假設非常接近我們的核心想法，因此我們會尋找證據來向自己應證這些。

例如，你受指派要向頂尖的管理團隊進行簡報。你之前曾經做過簡報，但對象卻不是那麼重要的人。你不斷認為自己無法帶給

11 Steve Peters, The Chimp Paradox: the mind management programme to help you achieve success, confidence and happiness, Random House, 2012.

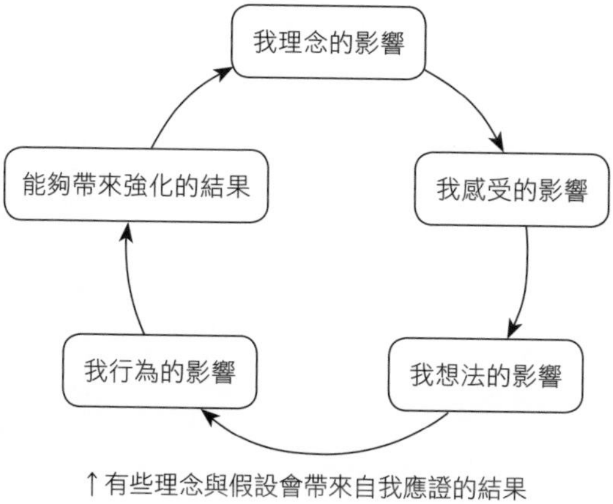

↑有些理念與假設會帶來自我應證的結果

對方好印象，最後讓自己相信簡報會一團糟。在你正式做簡報的那天，你壓力太大，因此笨手笨腳地操作著投影片，讓你有些慌張，自己的呼吸變得急促，事後別人說你看起來很緊張，缺乏熱忱與理念。

切記，只要你願意去做，就能夠改變假設或理念。請你回想某個過去擁有但現在沒有的理念，就能向自己證明這是可以辦到的。請你回想自己曾經相信聖誕老人以及牙齒仙子的那種心態。

如何改變理念

雖然你可以自己進行下面的流程，但如果你在合格教練或是你信賴的同事指導下完成，效果就會更好。

> 讓我畫地自限的的理念或假設
>
> 這個理念有什麼證據？這是百分之百正確，還是例如只有百分之二十正確？

有什麼事可以取而代之的正面理念或是可以授權的理念？

我改變無益的畫地自限理念來解放自己時，必須承受哪些可接受的風險？

想像一下，如果有個人具有這種替代的理念。他們會有什麼感受，會說什麼，做什麼？

我能夠做或說這些事嗎？我要在何時與用何種方式測試這種新的理念或假設？

在未來的幾個月當中，持續關注運用新理念或假設能夠帶來什麼正面的成果，讓自己的舊有理念不要再度形成。

其他類別的心態：一概而論、刪除、扭曲

潛意識當中的心態，往往會在我們溝通時表露無遺。一概而論、刪除、扭曲資訊的習慣很可能就是傳達強烈理念與假設的媒介。這些習慣性的回應，追根究底就來自於想要創造安全感。這些似乎能夠迅速提供答案與容易的解方，但通常都不精確，這樣只會強化沒有幫助的態度與懶散的思考，這樣就會創造人際溝通的「雜音」，這很可能會損害關係。

援引資訊科技的隱喻來說，以上三種觀念都像是你個人內在的作業系統，在背景當中靜靜地運作，影響你的思考與說話方式。這不僅對於關係沒有幫助，也可能會阻礙我們的幸福與快樂，因此很重要的一點，是必

敘述	用來釐清的問題
他總是那麼做。 我總是會說出令人尷尬的話。	總是？每次都是嗎？
你不能信任沒見過面的人。	讓你卻步不前的是什麼原因？什麼，連這麼簡單的任務都不行嗎？
她絕對不會改善她的行為。	你在講的是指哪種行為？你在這個案子當中，能夠承擔什麼樣的低風險？
那總是像那樣，未來也會是如此。	那二月的改變，以及上星期的改變呢？

需要注意這些回應，並且在看到的時候提出質疑。以下提出一些建議。第一點，是經常會一概而論的同事：

針對經常會刪除或是省略一些資訊的人，這些資訊往往是聆聽者希望聽到，或是會讓敘述更清楚完整的資訊：

敘述	用來釐清的問題
會議的某些部分沒問題。	哪些部分？如何沒問題？在會議的其他部分當中他們討論了什麼？
大家開始說話。	誰？他們說什麼？他們有什麼證據？

在其他狀況之下，可以用這些句子來釐清問題：「用什麼確切的方式？」「更明確地說是什麼？」「用什麼方式？」「實際上在哪裡？」「還有什麼？」

在某個人說的話難以融入我們內心世界的架構時，很可能會出現扭曲的情形。我們必須聆聽與詢問問題，讓他們的世界與我們的世界產生連結：

敘述	用來釐清的問題
你一定不會喜歡這個！	到底為什麼？你怎麼知道我不會喜歡？是什麼原因讓你那麼想？
這完全不能接受。	「這」是什麼？
她那樣笑，表示她一定有很多朋友。	那對我來說是新的思考模式。她的笑容和很多朋友之間有什麼連結？
這個點子絕對會勝出。	多告訴我一些吧。你怎麼知道這個點子在我們／我身上有效？
他們說……	是誰在說？他們什麼時候說的？你跟X確認過他們所說的東西嗎？

建立正面的心態：雙贏的思維

在工作場所與家中建立與維持關係的良好態度，就是要擁有雙贏思考的心態。所謂的雙贏思考，意思是處在進退維谷的環境中，或是面對挑戰，大家意見不同時，你會尋求雙方都適用的解決方案。這種方式在你指派工作、給予回饋、討論工作表現、和客戶碰面，或是想要發揮創意時特別有用。

這種雙贏的思考需要讓下列兩種人格特質維持平衡：

- 尊重他人，並且專心聆聽他人的觀點；以及
- 在說明自己的立場與需求時必須相當有自信

如果你對別人相當仁慈體貼，但自己卻缺乏勇氣與有自信，那麼最後很可能會造成自己輸別人贏的局面。經過一段時間之後，你就會開始覺得自己「被利用」，開始感到憎恨，也可能會因為無法為自己發聲而失去同事的敬重。極為友善仁慈的團隊成員很可能會落入這樣的陷阱當中。

相反地，如果你過度有自信，不太在乎別人，那麼就會形成自己贏別人輸的情形，你的目標就是要成為贏家！雖然你很可能「贏」了好幾次，但經過一段時間之後，你很可能會發現自己的態度與行為在團隊當中造成了緊張與不信

任的情形，有些同事也可能會躲著你。野心勃勃，一心想要升遷的的團隊成員很可能會落入這個陷阱當中。

為了要確保讓所有人都能夠擁有雙贏的局面，請你讓別人先開口，讓他們說明所謂的雙贏關係是什麼，或是在你參與其中的任務裡，怎樣完成任務才叫做雙贏。接著你可以：

- 反思你對他們所說的話是否理解；然後
- 說明對你來說雙贏的局面是什麼；以及
- 討論你們雙方如何能夠達到雙贏的局面

這種雙贏的心態當然需要在個人方面與專業方面都維持正直才行。我們可能都有這樣的經驗，就是有位同事努力想要和他認為是同儕或較資深的人建立雙贏的關係，但和較資淺的同事或是較體貼樂於助人的同事共事時，卻不經意落入了「我贏你輸」的狀態。

打破「二分法思考」的牢籠

二分法的思考方式就是認為只有兩種可能，這種情形相當常見。這種不是

／就是的想法相當吸引人，往往會造成用簡單的論點與容易的解決方式取代仔細聆聽與思考：

你就這麼做，不然就根本別做

我是對的，你是錯的

你相不相信這個提案？

你的答案是肯定的還是否定的？

你會發現記者有經常逼迫政客用這種不是／就是的方式回答問題，雖然我們的常識告訴我們這個主題相當複雜，不會是百分之百屬於其中一種方式或是另一種。

確實有適合運用二分法思考的時間與地點，例如在完全討論之後，或是業務會議最後該做出決定的適當時機。然而，如果在討論的初期就運用二分法思考，那麼很可能會扼殺創意，讓選擇的範圍變窄，並且導致衝突。像是「我的點子比你的強多了」這類的說法，很可能會促使雙方爭論，想要捍衛自己的立場，並且開始競爭。自我開始膨脹，每個人都堅持己見。這場競賽就會變成最大聲的人勝出。

除了懶得動腦以外，二分法思考背後的潛在原因，似乎還包括了驕傲與

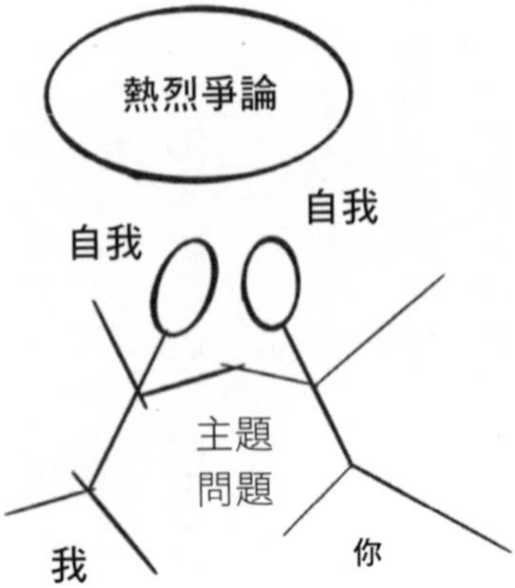

↑二分法思考示意圖

稀缺的心態，也就是認為絕對沒有足夠的認同、信用、點子、權力、金錢與大家共享。

相反地，對於啟發性的思考來自豐沛的心態，並且承認在許多工作狀態下往往處理方式不只有兩種。

豐沛的心態意味著能夠放棄捍衛自己地位的需求。也就是相信資源相當豐富，包含有創意的點子、讚美、認同、替代方案、潛在客戶都「在那裡」供大家取用，最後就能讓大家共享可能、選擇，共同決定，共享尊榮、認同、利益。

兩個人在討論的時候，若要讓啟發性的思考能夠充分發揮，就必須做到兩件事。第一件事，就是情感上必須要有足夠的成熟度，同時兩個人必須能夠互相信任。第二，願意以對方為優先考量。

因此很重要的一點，就是雙方願意盡量讓步，不再堅持自己原本的想法。目標是希望能夠找出三贏的方法，也就是對雙方以及客戶或機構來說都是最佳的解決方案。

我們和許多參與工作坊的人都分享過以下的流程，這些人後來都告訴我們這個流程的效果非常好：

1. 安排位置，讓自己坐在對方的旁邊，並且把你的筆記本以及其他文件「放在那裡」，放在兩人前方的桌上。這個動作本身就有助於「把人與主題分開」，幫助雙方能夠以更客觀的方式討論。
2. 你可以邀請對方負責做記錄，或是雙方輪流做記錄。
3. 你們輪流討論彼此的提案，也就是提案A與提案B。兩個人共同思考提案A的優點，並且在不討論的情況下寫出所有的優點，包含短期與長期的優點。
4. 在雙方寫完了提案A的優點之後，雙方思考並寫下這個提案短期與長期的缺點，同樣不需經過討論。
5. 接著針對提案B做同樣的分析。

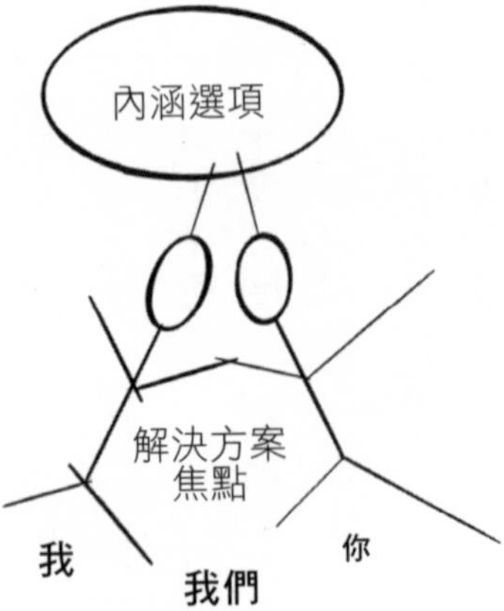

↑啟發性思考圖示

6. 很重要的一點，是必須先把所有正面的啟發都列完之後，才開始寫負面的（大腦真的非常喜歡跳躍性思考！），同時在完成練習之前，請先不要進行討論或評估。

7. 在進行這個練習的時候，很重要的一點是必須堅持信任與尊重彼此，這樣你們就會想到會面之前沒有想過的點子。在這樣的情形出現時，你們就可以寫下第三、第四、第五個提案，並且針對每個選項進行啟發性思考練習。

8. 你們雙方都認為已經把所有的選擇寫完了之後，接著請用不帶個人情感的方式檢視所有的提案，判斷哪個是最能夠達到三贏的提案，接著採用這一個。

反思時間

請你思考一下，在不久的將來有什麼機會能夠對同事或客戶運用以上的程序。

有關時間的心態：過去、當下、未來

我們用想法創造世界。

（釋迦牟尼佛）

另外有一組思考的偏好也會影響我們的關係，這與我們有關時間的心態有關，也就是當下、過去、未來。在西方的世界當中，我們許多人都偏好：

- 活在過去；或是
- 活在未來；或是
- 活在當下

活在過去

強烈偏好活在過去的團隊成員往往常提到他們過去的雇主或老闆，他們過去使用的系統，以及自己過去的豐功偉業。過了一段時間之後，你和你的同事很可能會覺得這樣很乏味，認為說話者沒有參與及投入你的機構當中。

活在過去的強烈偏好很可能會成為快速變遷世界裡的阻礙，在這樣的世界當中，放下過去往往成為用新方式與工作的先決條件。對我們所有的人來說，過去也是愧疚、憎恨、遺憾、失望最濃烈之處。這些很可能會囚禁我們，消耗我們的精力，損害我們的關係。

活在未來

偏好活在未來的團隊成員往往非常需要事先思考與計畫。過度使用這種偏好，可能會因為要求同事在計畫上寫出幾個月甚至幾年之後的日期，造成同事的反感。這種規劃很可能會被認為是不切實際、不務實或是限制他人的行為。

強烈偏好活在未來的團隊成員很可能會將過去視為模糊且很難回想起來的事實與數字，即使是幾天之前才開過的會也不例外。同事會將這種明顯失憶的情形視為缺乏智慧或興趣，以及缺乏對團隊、機構或客戶的投入。

未來也是焦慮、不安、恐懼、壓力的想法所在。如果我們不斷和同事分享這些想法，那麼這些很可能會困住我們，形成負面思考的向下螺旋，讓個人與團隊洩氣。

活在當下

強烈偏好活在當下的人似乎相當罕見，有時候也相當令人羨慕。同事很可能會羨慕這個人不會擔心期限，不會趕時間擔心時間。他們能夠遵守期限，但他們「剛好及時」的態度很可能會讓業務主管與同事備感壓力！

運用當下作為你的基礎

最近教授冥想與工作上的正念受到許多討論。你很可能會覺得自己沒時間停下手邊正在做的事情，讓自己進行正念，例如注意自己的呼吸。確實要坐直並且拋開困擾自己的想法，需要相當多的練習。然而，如果你能夠學著做到這點（大部分的人都需要參加短期的課程才能學到方法），那麼你就會發現自己重新與「當下」或「現在」產生連結[12]，這就像是大腦「重新開機」一樣處在大量工作且缺乏支持而充滿壓力的工作環境當中，冥想與正念能夠提供實際上的幫助，而不是讓你逃避的工具。

結論

總而言之，你必須要了解心態對我們行為造成的重大影響。我們大部分的心態都相當適合自己，不需要進行調整。最棒的地方，在於對那些阻礙工作關係與整體福祉，讓我們無法好好享受的心態，我們都可以改變。如果本章引發了你的興趣，那麼請注意我們在接下來部分提到的幾個練習與幾本書。

職場應用

閱讀本章之後，你會想要改變哪些思考的偏好或模式，讓你變得更有影響力，能夠改善你的關係以及情緒上的福祉？

以下是能夠幫助你擬定行動計畫的一些問題：

a 思考主管、同事、朋友、家人給你的回饋。你察覺有什麼假設或是讓自己受限或滿足自我的想法會讓你受到限制，或是可能會導致某一段關係變得困難？如果有的話，請你完成本章當中的練習

b 你是否注意到自己進行人際溝通時，有一概而論、刪除、扭曲的情形？請你留意自己運用的語言，讓自己的表達更為清楚

c 回想自己在重要關係當中的討論，通常最後都能夠達到雙贏的局面嗎？若非如此，結果多半是你贏對方輸或是你輸對方贏，那麼你要如何讓結果轉變為雙贏的局面？

d 你什麼時候有機會運用本章分享的流程進行啟發性思考的練習？

e 你的偏好是哪一種：活在過去，活在當下，還是活在未來？你要如何調整自己的偏好，以增進工作─生活及／或整體的幸福感？

---

12 E. Tolle, The power of now, Mobius, 2001.

參考資料

◎Boyd, J. and Zimbardo, P., The time paradox: using the new psychology of time to your advantage, Rider, 2010

◎Brann, A., Make your brain work, Kogan Page, 2013

◎Doidge, N., The brain that changes itself, Penguin, 2007

◎Fox, R. and Brown, H., Creating a purposeful life – how to reclaim your life, live more meaningfully and befriend time, In nite Ideas Limited, 2012

◎Meadow, M., Con dence: how to overcome your limiting beliefs and achieve your goals, CreateSpace Independent Publishing Platform, 2015

第五章

由內而外的溝通

溝通的問題在於溝通時所產生的幻象。
——（喬治・伯納・蕭）

安妮莉絲・蓋林・勒坦德

前言

我們人類是群體動物，因此在文明發展的過程當中，都努力尋求共生共榮的方式，直到現在我們也還在學習當中！我們的溝通有多成功，也成為了這方面努力是否成功的指標[13]。

在本章當中，我會進一步檢視人際溝通，也就是我們以「訊息」形式表達感受、概念、想法、資訊、態度的流程，同時包含運用語言與非語言的方式。

13 希臘哲學家亞里斯多德被認為是最早提出「線性溝通模型」的人，時間為西元前三百年！

我會請你更仔細地觀察這些溝通的流程，並且在自己溝通時更具目的性。

我也會點出幾項可能會讓你無法成為頂尖溝通者的典型障礙與分散注意力的因素。有些令人感到困擾的干擾因素往往莫名出現且不受控制，但實際上許多干擾都是我們溝通者造成的。

我們在這裡要把重點放在口語溝通上。書面的溝通具有本身獨特的樂趣與挑戰，不過兩者都有共通的關鍵特質。你也會發現聆聽的技巧對所有有效的溝通來說都很重要，重要到我們會花一整章的篇幅來討論這點。

溝通是複雜的過程；你愈了解溝通運作的方式，你自己溝通時就會愈清楚，也更容易從之前的經驗當中學到東西，能為未來的互動做出更好的準備，並且更了解團隊成員之間的溝通情形。

成為熟練的溝通者

我們想到要和別人溝通的時候，往往都會想像自己要「外出」，把我們的話與概念送到半空中，讓聆聽者能夠接住與理解。不過，溝通卻是一種有內在根源的過程。

你透過直覺就能夠了解這點。你或許參加了很棒的人際技巧訓練課程，但仍然很想知道為什麼想要表現出有自信的樣子，最後還是會被騙去做自己不想做的事。或許你想到自己再度因為沒有適當地指派他人而承擔了過多的工作，讓自己十分懊惱？或許你最近在一場困難的績效回饋討論之中又讓步了。在這些情況下，我認為你應該不乏可用的架構與策略，以及可以提出來的重要問題。讓你卻步不前的，往往很可能是你大腦或是內心當中發生的情形，焦慮、緊張、缺乏自信，想起過去的經驗等等，這些自挫銳氣的限制性概念以及過度強烈的情感，雙雙讓你無法達成目的。

當然，要學會如何運用新的溝通工具需要一段時間，也需要經過練習，聽起來才會相當自然，毫不費力。但很可惜的是，急著要釐清挑戰時，你往往會直接想要取用工具，而沒有先採取第一個步驟，就是思考在互動的過程當中發生了什麼，也就是你在想什麼，你的感受如何，以及你在互動的過程當中帶入了哪些經驗與所學。意料中的事，就是大家經常會運用速解法溝通一段時間，接著就棄之不用，因為他們覺得這是錯的，彷彿在扮演一個角色一樣扮演個不符合你本性的角色。

因此實際上並沒有速解法存在。讓我們走一長段路來提升你的人際技巧，讓這些技巧更紮實，同時享受這趟旅程。你會發現你從探索的過程當中獲得的觀察視角，會讓你的溝通技巧提升到全新的境界。

溝通：我們認為能夠奏效的方式

我們認為自己是相當有能力的溝通者，畢竟如果談話很重要時，我們通常會設法思考自己應該說什麼，選擇適當的語言，仔細地運用，並且清楚傳達自己的概念，讓聆聽者能夠確切了解我們的意思[14]。我們會尋找能夠驗證成功的指標，也會在收到預期的回應時，知道自己已經達到目標，例如送出一份報告，參加一場會議，收到電子郵件收件回執等等。我們往往也會尋找有效的回應，例如關係的指標、共同理解，信任感，互相尊重，在關係當中感到自在與自信的感受。

說我們在日常互動當中獲得了相當的成功，例如購買報紙，請餐廳提供帳單，和別人閒聊，獲得了部分的成功，這一點都沒錯，但是你會從過去的經驗得知並非自己每次都是成功的。更複雜的互動很可能會讓對話朝向意料之外的方向發展。

這主要是因為溝通的空間並非如我們想像中的安靜與井然有序。我們的溝通可能會相當混亂，模稜兩可，令人困惑；也經常會出現誤會。那麼實際上到底發生了什麼事呢？

溝通：實際上的運作方式

我們和別人談話時，往往會認定自己處在事件的核心，並且能夠完全掌握所發生的事！但實際上，溝通卻複雜許多。溝通的「訊息」迅速地持續在我們之間流動，我們將想法轉換為溝通的訊息，我們收到的訊息也會變成想法。

語言與非語言溝通往往不只是聆聽與說話的潮汐，實際上是持續的交換與調整溝通，溝通者會在動態、相互依存、多層且持續的反饋系統當中，同時送

---

14 若要進一步了解這個直覺且屬於常識的溝通模型，請參考克勞德·雪儂（Claude Shannon）以及華倫·韋弗（Sarren Weaver）的〈傳輸模式〉Claude E. Shannon and Warren Weaver, The mathematical theory of communication, University of Illinois Press, 1963。若要進一步了解更複雜的情形，請參見麥可·雷地（Michael Reddy）的〈管道隱喻〉（Conduit Metaphor），這篇文章試圖納入許多會混淆溝通的噪音來源，刊登於A. Ortony (ed.), Metaphor and thought (pp. 284–310), Cambridge University Press, 1979。若你還想要了解更多細節，請參考迪恩·巴恩倫德（Dean Barnlund）的〈溝通的交易模型〉，這篇文章刊登於C. D. Mortensen (ed.), Communication theory, 2nd edition (pp. 47–57), Transaction, 2008。

出與接收訊息。實際上，在任何時候，都有許多訊息送出，有些甚至不會被接收，至少不是有意識的接收，有些則是在無意間發送出去。

我們接收訊息時忙著解讀與回應，接收語言與非語言的溝通線索，評估與重新評估我們理解的內容，想要釐清那些線索在對話、自身期望、認定、角度、行為規範、個性類型與偏好、過去經驗等等的脈絡當中意味著什麼，並且根據這點調整自己的回應。

這種環境轉變的模糊與不確定性，很可能會在溝通當中產生「噪音」或干擾，因此有時候我們的解讀無誤，但有時候卻非如此。如果我們注意到某種溝通失敗的情形（或許是互動的暫停，或是對方臉上困惑的表情），我們會再度確認，例如提出問題、重複、換句話說，或是歸納自己認為剛剛聽到的內容是什麼。有時候我們會忘了自己誤會這件事，或至少我們沒有完全了解另外一個人想要傳達的訊息。在這種情況下，我們很可能在事後回想起對話的時候，才發現兩人溝通之間有著落差。

在這樣複雜的環境之下，有時候很難令人充分理解。即使是常見的字詞，例如：**專業**、**有效率**、**指派**、**授權**等等，也會出現許多不同的解讀，大家各自決定字詞對自己來說有什麼意義，以及在特定脈絡下具有什麼言外之意。察覺

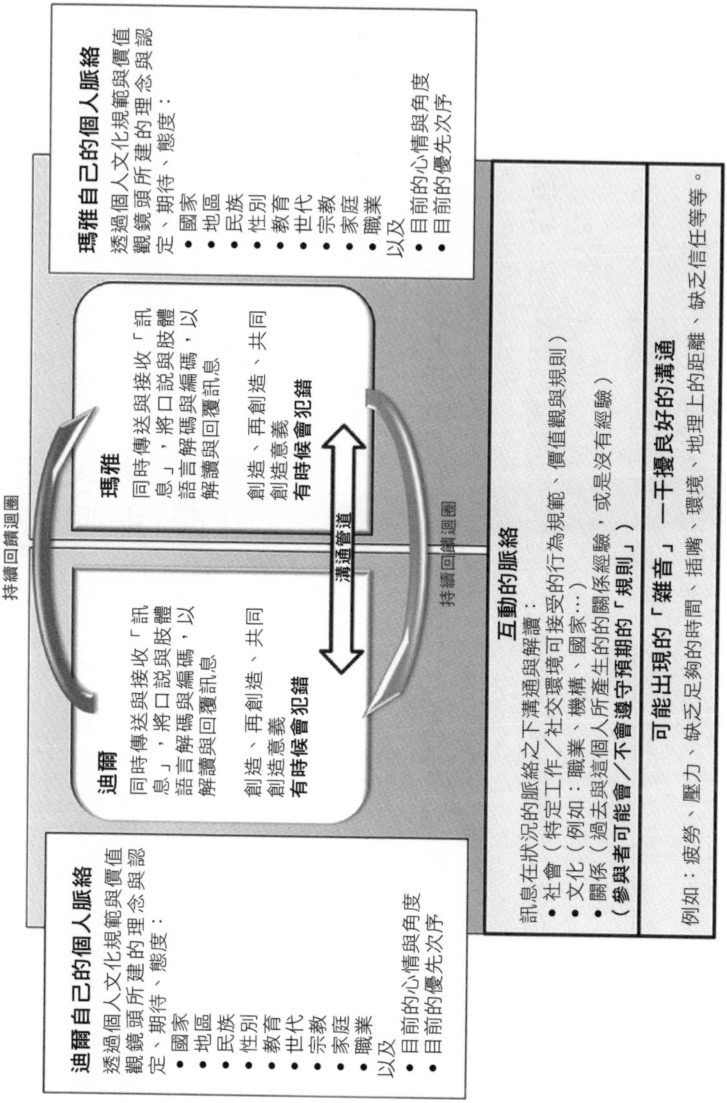
迪爾自己的個人脈絡
透過個人文化規範與價值觀鏡頭所建的理念與認定、期待、態度：
• 國家
• 地區
• 民族
• 性別
• 教育
• 世代
• 宗教
• 家庭
• 職業
以及
• 目前的心情與角度
• 目前的優先次序
迪爾
同時傳送與接收「訊息」，將口說與肢體語言解碼與編碼，以解讀與回覆訊息
創造、再創造、共同創造意義
有時候會犯錯
持續回饋迴圈
溝通管道
持續回饋迴圈
瑪雅
同時傳送與接收「訊息」，將口說與肢體語言解碼與編碼，以解讀與回覆訊息
創造、再創造、共同創造意義
有時候會犯錯
瑪雅自己的個人脈絡
透過個人文化規範與價值觀鏡頭所建的理念與認定、期待、態度：
• 國家
• 地區
• 民族
• 性別
• 教育
• 世代
• 宗教
• 家庭
• 職業
以及
• 目前的心情與角度
• 目前的優先次序
互動的脈絡
訊息在狀況的脈絡之下溝通與解讀：
• 社會（特定工作／社交環境可接受的行為規範、價值觀與規則）
• 文化（例如：職業、機構、國家…）
• 關係（過去與這個人所產生的關係經驗，或是沒有經驗）
（參與者可能會／不會遵守預期的「規則」）
可能出現的「雜音」──干擾良好的溝通
例如：疲勞、壓力、缺乏足夠的時間、插嘴、環境、地理上的距離、缺乏信任等等。

↑溝通運作的方式

字詞的意義會有不同的解讀，會讓參與者更能留意是否有解讀錯誤的可能，因此會更刻意用清楚的方式溝通。

即使我們說著同樣的語言，我們所說的內容與實際上想要表達的意義也可能存在著落差；跨越落差的能力讓我們成為真正傑出的溝通者。為了要能夠處理複雜的溝通過程，我們人類往往相當擅長在互動時改變立場，如此才能夠更清楚地了解以及隱藏敘述背後的含義。

脈絡的重要性

溝通的有效與否相當仰賴溝通者在溝通時分享多少（因此能夠理解）的脈絡：

- 社會脈絡：明文規定或是潛在的行為規範、社會傳統、價值觀、規則與法則
- 文化脈絡：生活型態與認同：國籍、種族、性別、性傾向、民族、階級、社會地位，這些會影響態度、理念、心態
- 關係脈絡：關係的類型、過去的人際交流情形、已建立的規範、預期的

行為

要達到溝通的效果，傳送訊息與接收訊息的人必須要有能夠了解彼此的「密碼簿」。我們用個簡單的問題來舉例：「吃飽了嗎？」取決於互動的對象，對於這個問題的解讀與理解可能會有所不同。你認為這是什麼意思？以下列出一些可能的答案：

- 媽媽對孩子說：傳達媽媽的關心？
- 間接地邀請對方共進午餐或是晚餐的約會？
- 這是在中國用餐時間常見的禮貌問候方式？

如果你知道脈絡，知道別人在那個狀況之下期待什麼「正常」的回答，那麼你就能夠做出適當的回應。然而，你不能認定大家都有這種共同的認知，因此溝通專家的部分責任就是要替共同的「密碼簿」奠定基礎。在團隊當中，要做到這點就會從你說明想要用什麼方式合作開始：找出你們的共同目標、價值觀、優先次序、思考每位團隊成員能為團隊貢獻什麼品質與技術。這種「達成約定」的談話，在團隊成員一起變得更成熟時，有新成員加入時，團隊面臨新的挑戰時，組織變革時，都必須定期更新。用這種方式打開對話，將能夠將你身為溝通者的技巧提升到全新的境界，並且為良好的工作關係奠定基礎。

在團隊當中，這種共通的「密碼簿」也會包含一些溝通的捷徑，例如技術詞彙、行話、首字母縮略詞，以及其他屬於你專業領域的特定縮寫等等。運用這些「捷徑」是相當有效率的事，但當然這會讓新人或不屬於該領域的客戶或顧客感到困惑。在這種情況下，你和同事就會變成負責翻譯與口譯的人！

如果你們處在同樣的脈絡之下，擁有同樣的經驗與認定，那麼就比較容易成功地溝通。然而，這些共通的資訊來源與理解，也可能會讓溝通的過程偏離正軌。雖然擁有共同的脈絡讓我們能夠運用捷徑溝通（夥伴、家人、老朋友、共事很長一段時間的人尤其擅長此道），但要是從來沒有公開討論過認定，那麼過度仰賴共同的認定也可能會造成問題：團隊成員很可能會養成懶惰的習慣；新成員可能覺得被排斥；朋友甚至是夥伴也可能會漸行漸遠；溝通的管道很可能會因為太少使用而無法維持通暢。

這時候你就必須要刻意檢視每個參與的人是否對事情的理解仍然一致；重新認識彼此，仔細討論可能的相同之處與相異之處，並且建立共識。在你的團隊當中，進行新的約定對話來再次提醒大家共同的目標與價值觀。

管理溝通的「雜音」

會造成問題的干擾也可能在任何時候阻礙參與者的溝通過程，即使大家處在共同的脈絡之下也一樣。即使說話者試圖傳達清楚精確的訊息，這個訊息也很可能無法被精確地接收與解讀。找出「雜音」或是干擾的來源，以及可能的處理方式，就能夠大幅提升你的溝通以及團隊內部的溝通。

當然，有些干擾很可能是環境當中實際上的雜音，例如電話鈴聲，敲打鍵盤的聲音，建築物外部裝修的聲音，以及交談聲，這些都會分散我們的注意力，讓我們很難清楚地思考與說話，以及確切地聽清楚。

還有其他類型的干擾來自語言，例如，我們沒有選擇最適當的字詞，或是我們用錯誤的語氣或語調傳達正確的內容。這些雜音甚至也很可能來自溝通者本身！

以下舉出一些例子：

可能阻礙良好溝通的雜音來源		
和語言有關的雜音	說話或聆聽者本身的雜音	環境雜音
關於字詞意義的不同理解 不是大家都了解的口音／語調／行話／技術用語或縮寫 訊息不清楚／模糊	疲勞／壓力 個人認知、態度、意見、情緒 對講者或訊息的態度 不同的優先次序 缺乏信任，防衛心	不恰當的談話地點／脈絡 工作環境，不良的工作場所設計 溝通網路與資訊技術系統的技術問題
無法相互搭配的口說／肢體語言訊號會造成不一致的情形，讓解讀訊息變得更加困難	濾鏡，過去的經驗影響目前的解讀	地理上的距離 流通的資訊過多，缺乏時間消化

以上這些讓你覺得很熟悉嗎？溝通的「雜音」絕對無法根除，但只要你能夠覺察發生了什麼，並且思考自己（與團隊）要如何解決問題，就能夠降低這類阻礙因素干擾有效溝通的可能。（顯然處理某些類型的溝通雜音比其他類型的簡單許多。）

和自己溝通，以便更能夠和其他人溝通

凱莉身為十口之家的長女，很快就承擔了地下媽媽的工作，照顧起她的弟妹，並且維持家中的秩序。這種早期的經驗讓她成為有自信的溝通者與有效率的組織者。她在職業生涯當中隨時準備承擔責

任，並且全程追蹤專案，這讓她獲得高度的尊重，並且很快就升遷。然而她與團隊的關係總是陷入僵局當中：雖然隊員知道她的優點，但卻因為她獨斷的程度以及多說少問的傾向而感到害怕。同事開始覺得挫折，並且沒有獲得授權，他們整體的專業知識與經驗似乎一文不值，因此他們都缺乏動力。凱莉變得與團隊越來越疏離，工作量也超載。最後她因為壓力過大，必須請六個月的假。

我們已經討論過和他人的溝通時會受到內在的強烈影響，也就是我們的人格特質與偏好；教養，影響我們的態度與價值觀；我們建構專業生涯的基礎，包含教育與訓練；我們過去的生活經驗，以及最近受到的影響；目前扮演的角色；工作機構的文化。上述任何一項都會主宰我們的想法與行為，或是造成揮之不去的影響，這很可能會是正面的，也可能不是。

你不需要進行多年的心理諮商，就能夠了解自己和別人溝通時，存在著哪些背景因素。你只需要了解自己（雖然有時候這可說是一項艱鉅的任務，不是嗎？）例如，如果你有完美主義的傾向，或是長期缺乏自信，又或者具有強烈的道德感，這些往往深植於他人灌輸的思考或生活模式，接著又融入了你的行為舉止與生活方式當中。想知道這些因素會對你的人際溝通造成什麼影響，可說是一項指標，表示你即將成為熟練且有影響力的溝通者。另外，還有一些額外的外部因素會干擾我們與其他人的溝通，也就是在我們生活當中正在發生的事，這點形成了人際互動時的背景。即使我們在進行對話，顯然也專注在當下，但我們的想法以及心裡所想的事很可能會讓我們分心。這時候我們就必須要更努力才能專心。

溝通的空間可能是擁擠的地方，有時候我們必須要刻意處理排除擁擠的情形，這樣才能有空間與彼此產生連結。

非語言的溝通線索

我們互動的複雜性，有部分來自於我們接收的非語言線索，這點往往是我們在與他人互動時下意識接收到的。非語言溝通的主題是另一個完全不同且複雜的領域，但簡單來說，我們會從多方面閱讀非語言訊息，來幫助我們理解所要傳達的意義。大部分時候我們都期待自己所說的內容與非語言的線索一致。例如，在簡報時呈現的語調與音調，加上講者生動的表達，會讓聽眾認為講者是對主題充滿熱情的人。

在非語言線索與所說的內容不一致時，我們往往會想知道到底發生了什麼事。想像一下得知同事被列為冗員或是一段關係破裂時，為了表示感同身受所說的內容，如果說話者用愉快雀躍的語氣說出來，同時又滑手機或是看著窗外，會是什麼樣的情形。

說話者所說的內容和說話的語氣不一致，缺乏目光接觸，不專心，同時又在手機上處理其他事情，很可能會讓聆聽者認為講者並不真誠，對於他／她的處境漠不關心，甚至還帶著嘲諷。

在我們察覺說話內容與非語言訊號之間的不一致（無關）時，我們往往會較注重所接收到的非語言訊號，而非我們所聽到的內容[15]。

以下是非語言溝通線索的概論：

- 空間的運用（人際距離）：個人空間的「泡泡」，或是個人在與別人相處時，能夠感到自在的無形界線

15 亞伯特．梅赫拉比安（Albert Mehrabian）博士提出的7%—38%—55%法則，往往會在這個脈絡之下遭到誤解。他始於一九六〇年代的研究，是針對特定且受限的樣本，並且目的不是用來說明溝通的整體情形。清楚的溝通訊息需要超過7%的語言才能夠成功地溝通。我們可以說的就是在判斷態度語情緒時，非語言溝通有時候比語言內容具有更大的影響，而我們仰賴多少非語言線索來產生意義，則會根據情況而有所不同。

・肢體語言（動作）：姿勢、手勢、身體動作、臉部表情、目光接觸

・聲音（副語言）：音調、音高、語調、停頓與沈默

・時間的運用（時間行為）：個人分配時間的方式，是關係、尊重與狀態的指標

・身體接觸（觸覺）：觸碰，包含握手、抓住、擁抱、推開、輕拍對方的背

・物件（人為因素）：環境，環境當中的物件，這些物件的排列方式

解讀非語言線索「叢集」

我們經常會閱讀複雜的非語言訊息來獲得與關係有關的資訊。我們運用自己的觀察來解讀互動的投入程度；關係的程度與信任；不同的狀態；心理狀態：感受、情緒、同意或不同意等等。然而，很重要的一點是必須注意非語言的溝通訊號往往無法獨立運作，或是按照時間次序排列，而是會以叢集行為的方式顯現，例如：

・看著窗外很可能表示那個人在反思一個問題……

然而：

- 盯著窗戶看，加上打哈欠、嘆氣、翻白眼，很可能表示覺得無聊，不投入或是覺得惱怒

非語言溝通也非常經濟有效率，能夠同時傳達多種訊息。例如，在與團隊成員互動時，主管很可能會微笑表示友善，持續的目光接觸表示自信，點頭表示同意，這些都在同一時間出現。

我們往往會下意識地傳達這些訊息，我們的想法會從肌膚的每個毛孔流露出來，透過這些「微訊息」（我們會在第十五章當中進一步說明）表露無遺。從他人的回應當中，就能夠了解對方如何解讀你的非語言訊息；你可能會很驚訝地發現他們的觀察相當正確！我們也必須要留意的，我是不要只接收非語言訊息，這麼做很可能會錯失重要的資訊。就像語言的溝通一樣，我們很可能因為自身的觀點、推測，或是不了解脈絡而誤解非語言訊息。

雖然非語言的情緒訊號很可能是跨越文化的（保羅・艾克曼[Paul Ekman][16]表示有六種通用的臉部表情—噁心、悲傷、憤怒、恐懼、驚訝、愛），但有許

16 Paul Ekman, Non-verbal messages: cracking the code: my life’s pursuit, Paul Ekman Group, 2016

多非語言的都通方式就和其他溝通方式一樣，受到文化脈絡的框架限制。例如在英式英文當中，講者想要表達諷刺時，會透過音調傳達正好和內容表面意義相反的意思，但臉部表情卻維持不變：

主管：「恐怕我要請你這個週末來工作。」

員工（無奈且用很平的語調說）：「我想不到週末還可以做什麼。」

當然，文化的脈絡並不侷限於國家或是文化的差異。機構、專業、社會、家庭文化都可能有獨特的文化脈絡。

誤用或是誤解非語言線索，很可能會阻礙我們的理解，而非提升理解，同時也會造成不信任，甚至被解讀為麻木不仁、不禮貌、粗魯、具侵略性。溝通時往往都是因為「使用者錯誤」而搞砸了。

利用溝通的「規則」

畢竟我們已經提過人際溝通的複雜程度，那你很可能會認為我們終究能夠溝通，可以算得上是種奇蹟！

雖然人際溝通的潛在干擾來源相當多，但我們大部分的溝通都能夠達到合理的成功，因為我們能夠利用溝通或是社會語言的「規則」資料庫，也就是那本終極的「共享密碼簿」。這些規則主宰了參與者在對話當中的預期行為：

- 在談話當中輪流發言的重要性，以及參與者如何共享「發言時間」
- 插嘴或是「滔滔不絕」的可接受程度（或無法接受程度）
- 「閒聊」（「情感交流」的溝通）在建立與維持關係當中的重要性
- 「有禮貌」的定義

我們會默默或是公開與團隊當中的其他成員對於正常的定義達成相同的看法，包含可接受的打招呼、恭賀、道歉感謝等等的方式，才能夠聽起來真誠且恰當，而不會過度表露情感，令人感到虛假、做作、甚至是可笑。

我們透過思考大家對於「有禮貌」的定義，來舉例說明這種運作模式。請你試著列出最有禮貌到最沒有禮貌的方式（我建議你大聲說出來，你就會發現語調是否中立、權威、請求、急迫等等，會造成很大的差別）：

A. 傑，這裡需要幫忙。

B. 傑，你沒看到這裡需要幫忙嗎？

C. 傑，我需要有人幫忙處理資料夾。

D. 傑，可以麻煩你幫我處理這個嗎？

你會注意到常見的禮貌規則取決於對話的情境。不同國家的不同文化具有不同的禮貌法則；工作文化也一樣。吵雜的工廠環境或是忙碌的急診室通常意味著希望互動能夠簡短些。能夠直接與簡短程度也取決於參與的人；對方是顧客或客戶，是和剛見面的主管、同事對話，還是很熟的團隊成員或朋友？做出請求的方式，包含聲音語調，臉部表情等等，也會傳達意義。傑很可能因為不同的脈絡情境而很樂意拋棄一些通常應有的禮貌，或是他了解對方很有禮貌是因為他／她露出微笑，即使沒有使用傳統上表示禮貌的句型，例如是不是能夠請你……也一樣。

當然有很多人公然藐視社會語言規則，並且也沒怎樣！他們這麼做很可能是為了搞笑，因為他們缺乏洞見，或只是根本沒有察覺「規則」。如果訊息能夠以想要的方式傳達出去，受到脈絡、關係、非語言線索等的支持，那麼這種藐視規則的情形多少可以被忽略。然而，無法察覺這些共有的規則，卻可能會造成溝通的失敗，有時候可能只有些微的誤解，有些古怪，或是失去信任，但有時候甚至會造成衝突。

結論

溝通是複雜、需要技巧以及高度個人化的活動，但越了解溝通流程的技術層面，就能夠提升你有效運用溝通的工具與策略的能力。

雖然在溝通的過程當中，語言當然是非常重要的因素，但我們都知道要成為有效的溝通者，不能只有找出適當的遣詞用字。在我們和別人能夠清楚溝通之前，必須要先了解自己的立場。我們的價值觀、人格偏好、態度、認定、重要的敏感議題、誘因、驅動力、個人的優先次序就形成了解讀與回應他人的預設機制。若是沒有察覺這些，那麼這些影響就可能會變

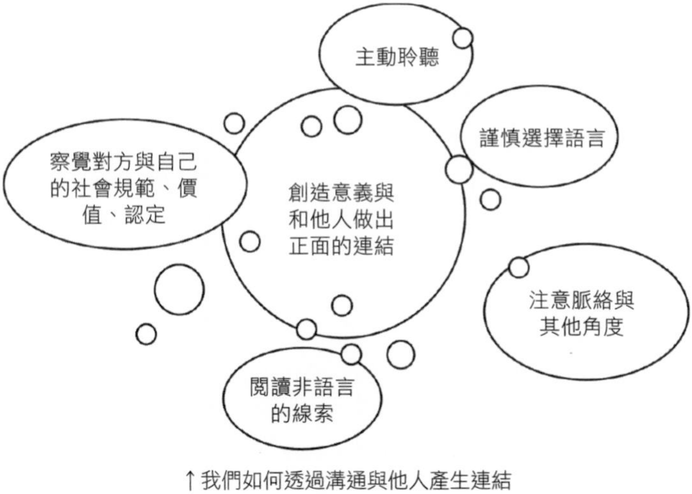

↑我們如何透過溝通與他人產生連結

成沒有幫助的「雜音」，造成阻礙有效溝通的認定與判斷。如果能夠察覺這點，那麼這些個人的洞見就會讓我們能夠帶著同理心與惻隱之心來進行溝通。

我們人類具有能夠良好溝通的傑出能力！我們只需要檢視我們認為想要溝通的內容，我們認為自己要溝通的內容，並且培養自覺，知道如何能夠支持或是會破壞我們的意圖。在最佳狀態之下，我們的溝通不僅只是有效地交換訊息而已，同時也意味著我們能夠在社區當中建立緊密的連結，讓大家能夠共生、共融、共事。

職場應用

a 運用溝通的圖表來分析最近的互動；試圖畫出自己的圖表，幫助自己思考不同的因素，包含參與者、訊息、管道、回饋、脈絡等等如何相互結合

b 看著呈現不同溝通「噪音」來源的表格

• 哪一種與你自己及團隊當中的溝通最有關？你能夠採取哪些步驟來處理這些干擾的來源？

• 還有其他的「噪音」來源也是你特定工作領域會出現的嗎？你要如何處理這些？這會如何促進你的工作與生活平衡，以及改善團隊的表現？

c 成為一位觀察別人的人。在你觀察的對象當中，你注意到哪些非語言的溝通，例如，他們的姿勢告訴你什麼，關於他們的肯定、自信、精力、投入程度等等？

參考資料

◎Apps, Judy, The art of communication: how to be authentic, lead others and create strong connections, Capstone, 2019

◎Brown, Brené, Rising strong, Vermilion, 2015

◎Matsumoto, David and Frank, Mark G., Nonverbal communication: science and applications, Sage, 2012

◎Maxwell, John C., Everyone communicates, few connect, Thomas Nelson, 2010

◎Patterson, K., Grenny, J. and Switzler, A., Crucial conversations: tools for talking when the stakes are high, McGraw-Hill, 2002

第六章
聆聽內心與靈魂的聲音

前言

你認為自己是個多好的聆聽者？我們往往認為溝通主要是說——讓自己身處其中，把自己的點子傳達過去——但聆聽的能力對於我們和他人關係品質以及工作效果，都有重大的影響。我們聆聽的能力，也有助於讓我們和他人建立關係，並讓團隊成員擁有歸屬感。

在本章當中，我們會思考「良好聆聽者」的意義。我們會告訴你如何將自己的溝通提升到全新的境界，以建立穩固的工作關係，並且促進團隊的運作。

空出時間聆聽

你若沒有站在對方的立場思考很長一段時間，就無法了解對方。

（美國古諺）

聆聽是關係與溝通的要素，也必須將之視為首要之務，這意味著要找時間空出內心的空間給對話，以及這些帶來的新看法、角度、資訊、創意解決方案。

你或許會認為時間就是你工作時最缺乏的東西。相反地，如果你受困於馬不停蹄的活動當中，那麼你怎麼能夠找時間好好聽同事說話？良好的聆聽並不包含多工。你不願意花時間聆聽，就會冒著只聽到自己聲音的風險，這通常不會是成功的最佳策略。

花時間聆聽並不代表花好幾個小時進行長談。相較於花兩個小時交換「有見證者的獨白[17]」，完全專注在他人的對話五分鐘，很可能更有意義，造成的影響也更大。你需要做的事，就只有「把空間清出來」；把你正在做的事以及當時心裡所想的事先擱在一旁，把你的文件清走，心裏不要想著手機、平板電腦、筆電螢幕的畫面，讓你自己與周遭的噪音隔絕，並且全神貫注在講者的身上。

你全神貫注地聆聽時，就會表現出對講者的關注，並且真實地讓對方感受到你的關注與聆聽。你不需要說話，只要專心的聆聽，就能夠讓對方感受到他很重要，你非常重視他這個人。這就是為何聆聽有助於關係的建立，即使你不同意對方所說的話也一樣。

阻礙良好聆聽的因素是什麼？

良好的溝通是在說話與聆聽之間取得微妙的平衡。有句諺語說得好：「我們有兩隻耳朵，但只有一張嘴，所以我們聆聽的頻率應該是說話的兩倍。此外，耳朵常開，嘴巴常閉。」

不同的文化對於在典型的對話過程當中，該聽多少，說多少才符合「禮貌的原則都有所不同，雖然我們有時候不會理會這些傳統，或是他人遵守時我們反而覺得惱怒。偶爾我們會覺得聽得很煩，因此想要加入自己的觀點；或是我

17 Margaret Millar, 'The Weak-Eyed Bat', in Collected Millar, Soho Syndicate, 2017

們會給自己許多說話的時間，但卻在輪到我們當個「聆聽者」時卻把耳朵關起來。

在其他場合當中，我們可能會因為覺得沒人聽我們說話，沒人了解我們的觀點，完全遭到忽視而覺得心很累，最後就放棄了。我們放棄說話的機會，放棄聆聽，把自己隔絕起來不接受對方的訊息。於是溝通與關係就失敗了。正如拉爾夫．華爾多．愛默生（Ralph Waldo Emerson）所言：「聆聽與等著輪到自己說話有所不同。」我們腦中發生的內在對話很可能就像大聲說出來的話一樣洪量，一樣持久。認定與先入為主的概念很可能會形成干擾或是「雜音」，讓你無法聽見對方真正要說的話。

> 有效溝通的最大障礙在於偏好評估別人所說的內容，因此造成誤會或是沒有真正聆聽對方所說的話。
>
> （卡爾．R．羅傑斯）[18]

不專心聆聽的經典範例

你是否曾在對話當中因為對方沒有在聽而不知如何是好？在下列的互動當中，你會發現一開始的聆聽機會很快就因為聆聽者個人的目的而偏離正軌。

挾持者

阿里瑞莎：上星期我們在山上玩得很開心。我們……

卡洛斯：噢，我可以跟你說山上的事！我們在加拿大待了三星期滑雪。那是個你一定要去的國家。你可以自己規劃整趟行程，如果你……嘰哩呱啦等等

如果你的故事被攔腰截斷，你會有什麼感受？

受傷者，你正在尋求別人的一點同情

夏洛特：事實上，我覺得很痛。我上樓梯時絆倒了，我想我弄傷了手指頭。我認為我……

珍妮：我知道妳的感覺。兩年前我的手臂斷了四個地方。我打石膏的時間長達六個月。手臂還是沒有恢復原狀，因此我每天要做三種運動四次。第一種運動是……

珍妮如何能夠得知夏洛特真正的感受？

18 Carl Rogers, On Becoming a Person, new edition, Robinson, 2004

調停者

克雷格：真開心在運動中心這裡遇到你。我來這裡報名有氧課程。

喬治：我強烈推薦你改上瑜伽課。你不會想要和一堆流汗的女人混在一起的。我上星期一晚上的「男性瑜伽」課。老師很棒。我身上有老師的電話。我們可以直接打電話給他，幫你報名這堂課。

請注意喬治插入的話，雖然他可能出於好意，但實際上這些只適用在自己身上，而非喬治身上。

如果出現下列情形，你往往無法完全把注意力集中在對方身上：

- 你完全專注在自己所做的事。你很可能連抬頭看是誰對你說話都沒有。你很可能只會偶爾說「噢，是的，嗯哼，我知道了，嗯嗯」，讓別人知道你在聆聽
- 選擇性聆聽，只注意對你有用的那部分資訊，或是留意你可以插嘴的機會

反思時間

過去幾天當中，你是否曾經象徵性的聆聽，或是假裝聆聽，這對你的同事與工作關係可能造成什麼影響？

如何良好且專注地聆聽

完全投入的「主動」聆聽對初學者來說相當困難。首先，這需要有聆聽對方說話的強烈意願。你必須要真正對說話者感興趣；不是因為你能夠從他們身上得到什麼，而是重視他這個人。同時也需要大量的專心與耐心，在某些情況下還需要同理心。要展現出你對同事的關心，你必須專心聽他們說話，只有在想要真正了解他們觀點時才發問。

有時候同事會表現出強烈的情緒，甚至是憤怒。在出現這種情形時，請你試著用同理心聆聽他們說話。這意味著要設身處地為他們著想，和他們感同身受。你不需要同意他們所說的話。（我們會在本章後面的部分再度討論帶著同理心的聆聽。）

請你留意自己的注意力在哪裡，請你完全處在當下，並且讓內心維持平靜。這或許是你能夠給予同事的最佳禮物。你會留意到你專注對他人與彼此關係的正面影響。請找出自己在這種情況下的情緒，並且有意識地將自己的情緒擱在一旁，避免干擾你的聆聽。

請你讓自己做好聆聽的準備：

- 請你坐或站在與同事能夠感到舒適自在，同時又能夠專注的相對位置
- 默默吐氣，釋放原本感受到的壓力，讓你能夠專注在對講者很重要的事與他們的需求上，而非你自身的需求上。你放心，在某個時候一定會有機會讓你表達自己的觀點的⋯只不過不是現在
- 透過肢體語言、姿勢、開放的聆聽姿勢來傳達平靜放鬆的感受

請你了解自己的最佳聆聽狀態，讓你在自己想要的時候就能夠進入那種狀態。你處在最佳的聆聽狀態時是什麼樣子？或許可以畫一個符號代表這種狀態，或是將這種狀態寫下來，或者只要了解自己處在最佳聆聽模式時是什麼樣子即可。

聆聽自己的聲音

聽自己的話並非剛愎自用，息事寧人，或是替自己所做的事情找藉口，

而是反思的重要部分。聆聽自己內在的聲音，意味著利用機會來承認自己的感受，說出自己的需求，允許自己不是只能去「做」，也能夠去「體會」。聽自己的話也意味著挑戰自己的認定與偏見，尋找自己宣稱的價值觀與實際行為之間是否有不一致之處。

帶著好奇心聆聽

有人帶著問題或是抱怨來找你時，很可能會直接告訴你他們擔心的事。他們往往會問你問題，或是用比較一概而論的方式做出評論，以打量你的反應，之後才會說出他們真正擔心的事。你可以透過提出有力的輔助問題，直指事情的核心，幫助他們告訴你真正擔心的事，也因此能夠增加你找到良好解決方式的機會。接下來的問題是良好聆聽者的最佳夥伴，你也會想知道哪個對你來說最有用：

- 你可以跟我說那件事嗎？
- 那件事對你來說為何很重要？
- 你問題背後的問題是什麼？

• 你在這裡／在內心深處真正擔心的是什麼？

當心「非正規管道」

在任何對話當中，通常會顯露一些指標讓對方知道你對他說的話感興趣，你也專心在聆聽。運用所謂「非正規管道」來鼓勵對方繼續說下去時，你很可能會說是的，確實，繼續，親愛的，真的嗎？等等，或是用簡短的聲音如嗯嗯，啊，嗯哼，噢等等來示意。

然而，對於對方所說的話，你很容易就會進入自動導航模式，在完全沒有注意的狀況之下偶爾說出「好的」、「真的嗎？」、「那樣對嗎？」、「嗯哼」等等。如果你自己是聆聽者，一定會發現這種不真誠的假裝聆聽騙不了人，假裝專心的情形很容易被察覺，這對對方來說也是相當不尊重的情形。

即使你不同意對方所說的話，也請你真心給予鼓勵的線索；透過了解對方的重點，給予回應、重述或是模仿對方所說的內容來確認自己理解的程度，顯示你認真在聽。

摘要與重述

要確認你的角度與人定沒有扭曲別人所說的話，請你反思對方說了什麼，並且覆述、摘要、換句話說與模仿所見或所聽到的情緒，來釐清自己理解的內容。

- 完全複述自己聽到的內容能夠幫助你確認聽到的內容是否正確，也有機會讓對方重新檢視甚至修正之前說過的內容
- 換句話說—簡要說明對方所說的內容，但運用不同的字詞，同時務必要盡量保留原本的意義，不要加入自己的解讀。請你務必維持試探留的語氣，讓對方在必要的時候能夠更正你所說的話，運用開放式的句子，例如「那聽起來像……」或是「似乎……」是很不錯的方式。用這種方式換句話說，讓你能夠傳達自己仔細聆聽之後獲得的內容，但請你務必留意，不要在這個時候接著一直說下去。在你確定自己理解的內容無誤之後，請對方繼續說下去

專注來自於真正的興趣，如果沒有干擾，就能夠達到最佳的效果。專注地聆聽意味著你清除腦中堆積的內容，並且將注意力放在對方實際上所說的內容

上，這樣就能夠自然地展現出好奇與真正感到有興趣。

提問

在對話當中適當的時間點提問，也有助於聆聽。然而，這並不是說要不斷打斷對方，並且猜測對方接下來要說的話，質問對方，或是想搶話，把對話導向自己想要的目標。

請你想想提問的理由：

- 釐清：提出釐清的問題，確認自己是否了解——「因此你的觀點是……」
- 引出範例：引出範例的問題能夠讓討論繼續進行——「我不確定自己是否了解你要表達的意思—你可以舉個例子嗎？」
- 取得更多資訊：用開放性的問題來獲得更多資訊——「這對你來說最有挑戰性的部分是什麼？」——不過請你避免只為了滿足好奇心而收集資訊的危險
- 說明：說明為何你需要知道的問題—「我提問是因為……」

請你小心運用下列的問題，否則很可能讓對話偏離主題：

- 封閉式問題很可能造成限制，因為這類的問題通常只要回答是／否，或是提出簡答：「你會用Excel嗎？」、「你把報告寄出去了嗎？」請你謹慎地使用這些問題，例如：用在你需要確認自己所知道的內容，取得資訊，建立事件的模式或順序，或是提出大家同意的內容摘要，再繼續進行對話的時候。
- 敘述結尾的附加問句：「你之前和米娜共事過，不是嗎？」但這種方式也可以有效運用在發揮同理心聆聽的時候：「我想這對你和團隊來說一定很不好受？」
- 誘導式的敘述也能夠展現同理心：「我想你在法蘭克福會議之後一定覺得筋疲力盡！」「我想在你努力之後，那樣的結果一定讓你感到很失望。」如果你想要專注在特定的重點或細節上時，這種方式也非常有幫助。然而，請你小心運用誘導式的問題，因為這很可能會讓對方打消真正的想法，讓你出現誤解！「或許你在跟X說過話之後會覺得好受許多，不是嗎？」
- 用「為什麼」開頭的問題，因為對方很可能會覺得你在評論或是批判。

例如：「你為什麼用那種方式做那件事？」

無論在什麼時候，提問時請長話短說，這樣才不會攔截別人所說的話。

用身體聆聽

你吸收的東西

我們不只會用頭／腦聆聽；我們也會接收情感與身體感官的訊號[19]。還記得梅赫拉比安對於解讀情緒與態度的公式，只有7％代表實際上的內容，接著38％代表語調、音高與活力，剩下的55％則代表非語言溝通，例如肢體語言。這意味著我們聆聽時，雙眼與耳朵同樣重要；接收非語言以及語言的線索能夠幫助我們理解聽到內容的真正意義：

- 聲音的音調、語調、速度、音量、遲疑
- 臉部表情，包含目光接觸，或是沒有目光接觸，皺眉、微笑、挑起眉毛、打哈欠
- 肢體語言，包含姿勢、變換姿勢，呼吸深淺，臉色改變，嘴部兩側小肌肉的運動，手勢，例如手的活動與接觸
- 個人空間泡泡，或是人與人之間的距離

正如我們在第五章當中提到的一樣，有些非語言的訊號會因為文化背景而有所不同，因此務必留意自己溝通時的脈絡。請你持續尋找說話內容與其他收到的訊號不一致之處，並且運用主動聆聽的技巧，確認自己對訊號的解讀是否正確。

你送出的訊息

你針對別人輸入訊息做出的非語言回應相當重要。在你聆聽的時候，務必：

- 運用支持與鼓勵的姿勢，例如點頭，微笑與目光接觸
- 你雙眼的目光「輕輕注視」著對方整個人，而不要持續盯著對方的雙眼（或是他的後方！）。請你留意目光接觸的文化差異
- 你的語調、音調、語速、音量以及適當運用停頓與沈默，能夠展現出尊重對方，讓他有足夠的空間說出他想說的話

如果你聆聽的對象看著其他地方，表示他們可能在思考。請你等一下，他

19 Albert Mehrabian, Nonverbal communication, Aldine Transaction, 2007

就會再把目光移回來，因此請你不要跟著他的目光焦點一起朝那個方向看，或是因此開始看筆記或是看手機！

給予自在沈默的空間

有時候對方需要一些時間與個人空間，才能夠思考要如何在對話中做出回應。或許他們從來沒有思考過這個主題，或是他們壓力很大，很疲勞，或者你告訴他一個相當複雜的問題，因此他需要時間才能釐清思緒。要給予對方所需的時間，請你想想要如何創造舒適的空間給對方，讓他能夠釐清思緒，並且創造自己靈光乍現的時刻。如果你的同事沈默不說話，或者看著遠方，請你忍住插嘴的衝動。請你保留那個空間，將沈默視為即將出現高品質思維的指標。大家知道自己即將說出來的內容不會遭到批判或批評時，他們的思維就會變得更豐富。

英文中「聆聽listen」與「沈默silent」的組成字母相同，不會只是個巧合吧？

同理聆聽

同理聆聽不僅是「表示有興趣」或是「表現出善意」而已，而是要傳達你與對方的連結。

同理聆聽並不是說你必須同意對方的看法。然而，這卻意味著你必須與對方的情感產生連結，並且覺察這些情感可能與你的有所不同。如果有位同事說出令你感到驚訝或是驚嚇的話，請給他們一些空間說明他們的感受，或是看到的情況。

如果這個主題相當敏感，請留意對方猶豫的訊號，並且允許對方暫停一下整理思緒與感受，只要全程參與即可。

你很可能完全同意對方所說的內容，這是因為你自己也參與其中。若是如此，請運用你自己的情商來控管自己的情緒，讓自己不要把對話的重點轉移到你自己的故事上。不要說「我知道你的感受」、「我也曾經如此」等等，因而沒有聚焦在對

↑中文裡「聽」字的告訴我們這個技巧的重點」

方身上。請你忍住當下的衝動，不要提供迅速的解決方式，或是鼓勵對方，告訴對方說他錯了，或是想要透過說理讓對方進入你的思考模式。如果你想要改變同事的觀點，勸他「往好的方向看⋯⋯」或是「事情原本可能更糟糕」，對方可能覺得沒什麼幫助。真正的同理意味著和對方一起體驗生活，完全進入他們的世界當中。

我不是要來這裡解決你的問題。我不是要來這裡同情你的。我是要來這裡和你感同身受，讓你知道你不孤單。

（佚名）

在最佳的狀態下，你和同事打造一種深入的關係，能夠幫助他們聽見自己的聲音，拋開你的成見完全專注在他們身上。這麼做無論在心理或是情緒上都可能會讓你感到筋疲力盡，所以請你務必要深呼吸，讓身體維持開放的姿勢，並且用鼓勵他們繼續說下去的方式給予回應。在這種情況下，你說得越少越好。只要在那裡支持對方即可。

同理的聆聽有助於建構信任與尊重，這是建立真正關係的要素。這麼做能夠減少緊張，讓對方表達感受與情緒，提供一個空間讓即使差異很大的意見也能被聽見，創造安全的環境，有助於開放的溝通與共事。

雖然同理的聆聽有時候並不容易，也需要努力才行，但你在建立團隊與信任方面所獲得的回報，絕對值得你付出努力。這種向對方開誠布公的方式創造了安全的空間讓他們能夠表達自己的觀念、想法、擔憂、期待、情緒；這種聆聽的方式能夠減少緊張，建立關係，並且鼓勵大家合作解決問題。

人類靈魂最大的需求就是被理解。（甘地）

摘要

以下是讓你的聆聽技巧能夠發揮最大效果的的訣竅：

- 清理（a）實體空間：將會使人分心的文件拿走，暫停接收手機來電，避免各種干擾，並且清理（b）內心空間：空出一段時間完全參與
- 找個適當的地方進行談話。如果要進行長談，請事先預訂會議室；或是一起到戶外邊走邊聊也可以

- 帶著同理心聆聽，並且將注意力集中在對方身上
- 透過非語言溝通展現出自己想要與對方產生連結的樣子
- 運用主動聆聽的技巧來確認自己的理解是否正確，並且讓對方放心，知道自己正確聽到對方所說的內容
- 請克制自己在沈默時就想說話的衝動。有些人會比其他人更容易做到這點！
- 請拋開那種你必須知道所有答案，或是實際上知道所有答案的感受
- 聆聽自己的聲音，這樣你就更能夠好好聆聽他人說話
- 注意自己是否感到開始想要防衛或是抗拒。聆聽就是要開放，所以請不要讓自己的判斷、偏見、意見介入
- 克制想要插嘴或是等不及想要說話的衝動。插嘴是浪費時間，會讓講者感到挫折，並且讓你無法完全了解訊息，因此請你持續聆聽，並且讓講者說完
- 做出適當的回應，用尊重的態度主張自己的看法，例如：「我的看法是……」「根據我……的經驗……」，說明那是你的意見，同時也認可別人的說法。

結論

良好的聆聽是尊重與理解的模範，但卻需要努力、專心、決心才能夠做到，所以請你必須刻意讓自己能夠好好聆聽。你在和其他人對話的時候，請讓他們覺得世界上沒有其他人存在。接著你就能夠給予對方他永遠難忘的禮物，他們也會告訴別人你有多特別！

請你提醒自己，自己的目標是要真正聆聽別人所說的話，所以請你拋開其他想法，專心聆聽與理解，並且與對方維持連結。你專心聆聽不僅能讓自己獲得資訊以及不同的觀點及概念，這麼做也能夠讓合作與溝通帶來更多產能，以及更有創意的問題解決方式。

職場應用

a 你在工作上大部分時間都用什麼樣的方式聆聽：假裝聆聽，選擇性聆聽，主動聆聽？既然你有機會再次省思自己的聆聽技巧，那麼你希望能夠做出什麼改變？

b 若想要做「主動聆聽」的練習，請你前往www.learningcorporation.co.uk/

Library下載檔案。請你想想自己的例子，或許可以從最近工作上的對話找到，試著運用覆述、做摘要，換句話說，以及模仿等技巧

參考資料

◎Daniels, Robin, Listening: hearing the heart, Instant Apostle, 2017
◎Hartley, Tamsin, The listening space: a new path to personal discovery, The Listening Space, 2017
◎Kline, Nancy, Time to think: listening to ignite the human mind, Cassell, 2002
◎Ready, Romilla and Burton, Kate, NLP for dummies, John Wiley & Sons, 2015
◎If you are interested in generative (creative) thinking, you can nd an introduction by going to www.learningcorporation.co.uk/Library and downloading a copy

·第二部分·

處理日常事項

第七章 我們還沒討論的事：要如何達成共識以及我們的價值觀是什麼？

前言

從過去的經驗當中，我們發現許多機構當中的文化主要注重在工作必須完成，必須達到成果，以及達到個人的績效。至於要如何合作以達到這些目標，通常留待個人自行解決。

或許下列的其中一種情形或類似的情境，很能夠引發你的共鳴：

我在不久的將來會和索爾特與蘇菲在工作上有密切的往來。有辦法讓大家一起約定要用什麼方式工作嗎？如果有的話，希望這麼做能夠避免不小心誤會或浪費許多時間。

雖然我的職稱不是文字主管，但卻被要求負責主導某個專案長達十到十五個月的時間。我的五位團隊成員來自機構的各個部門。我想要從頭開始就讓他們全力參與。我可以用什麼計劃將他們凝聚起來？

珍妮特非常努力工作，但她卻因為再度在我們的部門當中發脾氣而造成大問題。沒有人想要與她共事。我們為什麼沒有那種部門的「行為守則」？

在本章當中，我們的重點仍然是良好合作的實際應用方式。即使你沒有擔任管理或監督的角色，但我們認為你應該是那種看到某處績效有待改善時，就會立刻採取行動的人。首先，我們會介紹兩種經證實有效的工具，適用於在團隊當中工作的人，包含在專案中工作或是其他類型的團隊中工作。接著我們會說明具有大家認定的價值觀與行為準則為什麼相當重要。

舉起鏡子

這個我們稱為「舉起鏡子」的工具，在下列的狀況當中非常有用：

• 你被要求擔任或成為小團隊的領導人，團隊成員必須一起合作六個月以

上；或是

- 你們已經在小團隊當中共事好幾個月了。雖然一切還好，但大家的關係卻有些疙瘩，你想要在未來避免這樣的情形發生；或是
- 你的團隊當中不斷有著嚴重的干擾，團隊當中的人不是主動決定停戰，決定要主動求和，並且同意未來要用什麼方式共事，不然就是被告知要停止這種干擾的行為，並且釐清問題，或許是在人資部人員或教練的協助之下這麼做

「舉起鏡子」的運作流程如下。每位團隊成員都同意填寫表格，接著與另一位團隊成員舉行一對一的面談，討論自己偏好的工作模式，接著協議在未來如何共事。若是發生上述第三種情形，在進行一對一的面談之後，我們建議讓團隊的所有成員共同開會，討論未來要如何互動。

在本章的最後一個部分當中，我們會說明如何可以取得這項工具。

專案／團隊計畫

如果你不在乎功勞歸誰，那麼可以達到的成果將會非常驚人。

哈瑞・S・杜魯門（Harry S. Truman）

任何團隊在建立的階段，專案／團隊計畫可說相當有價值。我們曾在幾個不同類型的團隊與世界不同地區運用這項工具，結果成效斐然。

例如，如果你被要求出來管理一個專案團隊，或是創立或再度活化「最佳實踐社群」（這是機構當中擁有專業技能知識與技巧的人成立的社群，想要用一個架構良好的方式來交換知識、看法以及最佳的做法）時，就會發現這份文件非常有用。

下一頁當中列出了一份專案／團隊計畫以供參考。

我們建議團隊的所有成員一起填寫這份表格。這項活動有助於建立團隊的關係與團

專案／團隊計畫		
團隊名稱		
1. a團隊的目的	1. b 團隊範圍	1. c 成員與關係
2. a 必要的結果	3. a 無法成功的可能障礙	4. a 我們需要的資源
2. b 成功的措施	3. b 我們要如何克服障礙	4. b 溝通與其他系統

結。團隊成員必須同意下列內容：

- 團隊的「目的」，也就是團隊或是「最佳實踐社群」「為什麼」會存在；團隊活動的「範圍」；團隊「成員資格」以及這些人如何與業務的其他部分及外部專家產生連結：「誰」
- 「必要的結果」以及相關的「成功措施」。這說明在某個截止日期前，必須完成「什麼」。所謂「成功的措施」，意味著我們做出來的結果必須要符合哪些證據
- 接下來很重要的一個步驟，就是要討論與認同團隊可能面臨的「可能障礙」，並且採取主動的步驟來「克服障礙」。如果沒有這項工具，這兩個非常重要的步驟很可能會被忽略。典型的障礙在可能是缺乏某個特定領域的專業知識，在矩陣系統當中工作，團隊成員很可能會被拉向不同的方向，或是實際上處在不同的時區當中工作
- 所需的資源，例如：專業的設備，時間與金錢的預算，專家協助，辦公室空間，以及他們會使用的「溝通方式」以及其他系統

要完成這項行動計畫，可能要開兩次以上的會，但投資時間在此有助於凝聚所有的團隊成員，能夠促進溝通，幫助所有的成員朝相同的方向邁進，長久

下來也會因為減少混淆而省下時間。

共有的價值觀與行為

請記得三個R：尊重（respect）自己；尊重（respect）他人；為自己的所有行為負起責任（responsibility）。

（達賴．喇嘛）

正如標題所言，價值觀意著對我們來說特別重要的道德原則以及普遍接受的標準。這都是激勵我們的關鍵因素。價值觀包含了開放、尊重、誠實、卓越、鼓勵等。

這裡援引資訊技術產業的隱喻，價值觀與相關的行為就好比團隊或機構的作業系統一樣。例如，一個團隊很可能有著清楚的目標與行動計畫，但如果團隊當中出現職能失調的行為等病毒，就會損害團隊的成就。

舉例來說，我們遇過的職能失調行為是有個主管在客戶或是公司的社交場合上都非常有禮貌，但回到辦公室裡卻像個暴君一樣。

另一個則是與「尊重」這個價值觀有關的狀況。有位主管不願與她的同事有任何瓜葛，在遭到質疑的時候，她卻說自己沒有受到尊重。這讓她的同事感到相當驚訝，因為她就是因為不尊重同事而惡名昭彰。這就是種所皆知的「投射」範例。「投射」就是一個人看不見自己的一項缺點，但很快就能看出別人的這個缺點，並且往往會公開批評這個人的行為。

先去掉自己眼中的梁木，然後才能看得清楚，去掉你弟兄眼中的刺。

（耶穌基督）

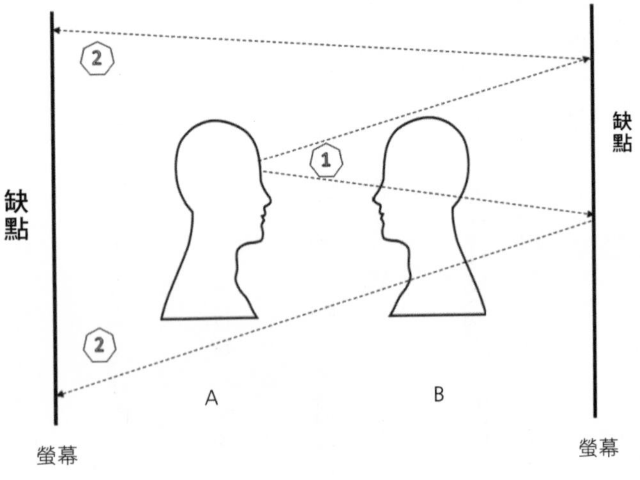

1. A看見了B的缺點。A沒有察覺，或是否認自己也有同樣的缺點。A將自己的缺點投射在B身上，或許還會公開批評B。這種投射的情形用A到B的虛線表示。
2. 然而，虛線會從B反彈回A（就像從戲院放映機送出的光線或投射在戲院的螢幕上），顯示對團隊的其他成員來說，A在那個行為當中的缺點比B的行為更明顯。

希望你的機構已經列出一些核心價值觀，並且舉例說明相關的行為，告訴大家每個價值觀如何實踐。如果沒有的話，同時你也想要替自己的辦公室或部門訂立一些價值觀與行為，那麼我們在網站上列出了相關的流程，在本章結尾處提供了相關連結。

結論

總而言之，帶著共通的價值觀與行為進行每日的工作，能夠增加信任感，並且讓一切能夠順利進行。如果你可能會與相同的同事或是團隊共事好幾個月，那麼現在你就擁有適當的工具，讓你不僅能夠幫助團隊開始建立關係，也能夠重建或活化團隊的關係。

如果你的辦公室或部門沒有訂立行為準則，那麼你可以和業務主管分享本章當中的流程。下一章當中會列出一些影響的訣竅，幫助你做到這點！

職場應用

a 你個人的核心價值是什麼？這些能夠激發好的工作關係嗎？

b 你閱讀過的那些內容，促使你想要：

- 改善你的一項或多項關鍵關係；或是
- 建議你共識的一個團體能夠如何讓關係更有效？

c 如果你想要運用「舉起鏡子」的練習，可以前往www.learningcorporation.co.uk/Library下載檔案。這個網站上也列出了創造一套共享的價值觀與行為的流程

參考資料

◎Leigh, Andrew and Maynard, Michael, Leading your team – how to involve and inspire your team, Nicholas Brealey, 2002

◎Sinek, Simon, Leaders eat last: why some teams pull together and others don't, Penguin, 2017

◎West, Michael, Effective teamwork: practical lessons from organizational research, 3rd edition (Psychology of Work and Organizations), Wiley-Blackwell, 2012

◎Wheelan, Susan A., Creating effective teams: a guide for members and leaders, 5th edition, Sage Publications, 2015

第八章
沒有欺騙與虛假

前言

今日大部分的人都在步調快，壓力大的環境當中工作，由於科技進步，組織縮編，支出消減，因此這意味著員工必須負起更多責任，主動且聚精會神地處理日益複雜的問題。

公司的架構也和過去有所不同，中階主管變少，跨部門的運作增加，團隊成員往往較不容易和主管溝通。如果是在矩陣、虛擬或網路公司當中工作，主管人和他們位於不同地點時更是如此。在和客戶工作時，我們往往聽到有人覺得自己無法發揮影響力，說出像這樣的話：

如果由我負責，我就能夠直接和末端客戶溝通，不需要透過經銷商來告訴我們實際上客戶想要什麼。但我卻沒有這樣的權力。

我知道我們應該如何改善跨部門的運作方式，但我要如何說服老闆？

發揮影響力是人際技巧當中相當重要的一環。因此，現在每個人現在比過去更能夠負起更多的個人責任，並且培養自己發揮影響力的技巧，才能把事情做好。你現在就處在這種情形當中嗎？如果是，請你繼續讀下去……

發揮影響力的倫理

許多人不願意發揮影響力，因為這讓他們覺得好像在操弄一樣。操弄與發揮正直影響力的主要差異，在於操弄的目的是「我贏你輸」。發揮正直影響力的目的，則是希望各方皆贏。發揮影響力是基於什麼結果對大家最有利的心態，而非只對發揮影響力的人有利。

發揮正直影響力有助於讓關係更好，能更有效率地完成工作。確實如此，在二十一世紀的今日，你已經無法將自己的意志施加在同事上；你必須和他們共同找出最佳的解決方案，並讓他們也參與改變的過程。

這就是我們在本章當中要談論的主題。

誰對你發揮了正直的影響力？

想想誰在你的生活當中具有最大的影響力。很可能是你的父母，特定親戚、老師、主管或是朋友。他們有什麼讓你非常尊敬的特質？

這些人或許非常重視你這個人，知道你的潛能，你的人格特質以及你的技巧，並且會鼓勵你努力做到最好。這與他們的人格特質、說話的方式、聆聽的方式，個人、機構與專業價值受到尊重的方式，他們的行為舉止，他們採取的行動以及行動的結果。正如我們在本書從頭到尾所說的，關鍵在於尊重個人價值，例如誠實、正直、同理心、尊重、信任，如果缺乏這些的話，那麼影響的策略只不過是憤世嫉俗的操弄而已。

你會注意到有些人似乎是影響力的「樞紐」。他們很可能較有經驗，但不一定如此；他們或許在團隊當中擔負某些責任，但同樣的，不見得如此。他們就是我們在第一章當中提過大家會去諮詢的對象，這些人即使很忙，似乎總是能夠空出時間給你；他們真正在乎其他人與他們的福祉；他們知道如何真正聆聽，並且發揮同理心；他們會展現覺察與體認。大家信任他們能夠給出一致、平衡、敏銳的回應；他們會讓你比較好受，並且充滿精力面對接下來的挑戰。

這種關係是否有效，並非建立在階級或地位上，而是建立在有影響力的人所創造出的互信互重環境。發揮你個人的影響力並不是說你必須等到正式擔任能夠發揮影響力的角色才行。你在工作生涯的任何階段都可以開始用這種方式思考自己的個人影響力。

> **反思時間**
>
> 請你觀察一下自己的機構當中，看看是否有同事發揮了正直的影響力。他們有什麼特別的人格特質或行為是值得你模仿的？

你這個人到底是誰

我們往往會認為發揮影響力與你所做的事情有關。事實上，請你檢視上述影響者的人格特質列表，主要都與你是誰有關。從接收者的角度來看，我很肯定你會同意一件事，就是如果你要讓自己受到別人影響，那麼影響你的人通常具備下列大部分的特質：

- 可愛／友善
- 可信賴
- 三贏的心態，也就是你贏，我贏，團隊／機構／客戶贏
- 願意分享知識
- 清楚的方向感
- 對他人體貼，並且授權給他人
- 自信
- 勇氣與承諾
- 願意改變自己的意見
- 對自己的工作領域及／或個人的成功充滿熱情

反思時間

上述的人格特質當中，有哪些是你認為自己已經具備的？有哪些是你多培養一些會更好的？

建立信用

你想要發揮影響力時，如果你處在掌權的地位時會容易許多，只要請其他人跟隨著你踏上旅程即可。你控制或是發揮影響力時，不需要獲得其他人的同意。

但你往往沒有這種權力。但如果你想影響的對象信賴你，那麼你就比較可能會成功。請參考第二章，了解如何建立信用。現在你花時間在認識關鍵人物與建立關係上，未來你想要影響他們時就比較容易。想想看你能夠提供哪些「資產」，例如：

- 你與主要客戶之間的關係有多密切？你知道他們的計劃嗎？哪些額外的服務會讓他們感興趣？他們用什麼特別的方式運用你的產品或服務，這是其他客戶或是你的產品研發團隊也會感到有興趣的？
- 你有什麼特別的知識、經驗或是聯絡人是會讓同事覺得很有價值的嗎？
- 你對於高階主管都很友善嗎？你也知道機構的其他部分在做什麼嗎？

你的信用也建立在你的可靠度之上。如果你過去言出必行，符合自己的價值觀，那麼在你想要影響他人時，大家比較可能會聽你的話。如果當時的狀況讓你沒有時間留下好的紀錄，你可以將哪位有這種記錄且深受你要影響對象所信任的人拉進團隊當中？這個人很可能就是你團隊當中的「影響樞紐」，我們之前提過這點。他們對於目標付出的精力與投入，往往成為同事呼應且經常會競相仿效的對象。

如果你仍然覺得發揮影響力會讓你感到緊張，何不和想法相同的同事結盟，共同準備一份聯合提案？你可以從葛瑞絲・霍普（Grace Hopper）的話：「最好要求寬恕而非要求許可」獲得慰藉，並且從蘇珊・傑佛斯（Susan Jeffers）[20]的《感受恐懼，無論如何就去做》（Feel the Fear and Do It Anyway）再度獲得肯定。

你發揮影響力的心態

上方列出的關鍵特質之一，就是三贏的心態。我們在第一章結尾處介紹過關係的心態，並且在第四章當中更全面地討論心態。現在我們就以這些為基礎，更仔細地思考我贏你輸以及雙贏的心態：

以自我為中心的心態（我贏你輸）	合作心態（雙贏）
對方是我的對手	我了解雙方是共同解決問題的人
目標是我要獲得勝利，我是要贏的	我要尋求明智的解決方式，達到三贏
我只注意對我和我工作角色的影響	我會把主題和其他人的工作角色與擔心的事連結起來
我會試著説服對方説我的立場是唯一正確的，必要的時候我會施加壓力	我想要探索雙方背後潛在的利益，並且持開放的心態接受新選項
對於對方擔憂的事，我會持反對意見和他們爭論	我會尊重對方，並且用反思且非直接反應的方式詢問對方是否有隱憂
如果有人得讓步，只能是對方讓步	我們會共同合作，一起決定誰得到什麼
必要的話，萬一我必須讓步，我會採取不斷協商的立場	我會聚焦在共同目標與理念上，在會議的過程當中維持理性

反思時間

在上述兩種心態當中，你比較傾向哪一種？如果你的心態多半屬於左欄，那麼朝右側移動會有什麼好處？

20 Susan Jeffers, Feel the fear and do it anyway, Vermilion, 2007

透過聆聽發揮影響力

只有我在感受到你會受我影響時，我才會被你影響。

我們往往認為影響是要說服對方，或甚至是告訴對方要做什麼。如果我們那麼做的話，就是把自己的世界觀加諸在對方身上，那麼你肯定會發現他們不會用和你完全一樣的方式看待世界，並且會出現反彈（請見第四章）。

因此你首先必須了解他們居住的星球，你必須要好好聆聽他們所說的話。我們往往低估聆聽本身的力量，以及被聆聽的力量。黑人音樂家戴露・戴維斯（Daryl Davis）就是非常強而有力的範例。在長達二十年的時間裡，他和許多3K黨成員做朋友（這個黨派的成員採取極端的反動立場，例如白人至上主義，白人國族主義，以及反猶太人等等）。在當時，他相當不可思議的試圖讓成員改變看法甚至脫黨。

戴露・戴維斯的經驗就是個絕佳的例子，說明聆聽與理解是發揮影響力最重要的第一步。在第六章當中，我們提過了許多實用的聆聽技巧。

發揮影響力與改變

發揮影響力就是要造成改變，你多少想要改變現況的某部分。大家往往覺得會受到改變的威脅，尤其如果強加在他們身上時更是如此。有個模型能夠幫助你了解出現重大改變時，對你來說什麼最重要。這就是SCARF模型。

大衛・拉克（David Rock）[21]基於廣泛的社會神經科學研究，發展出這個看似簡單的架構，說明大腦當中的哪個部分會對哪種不同類型的社交互動刺激產生反應，例如發揮影響力與改變，以及如何做到這點。

21 David Rock, Your brain at work, Harper Business, 2009.

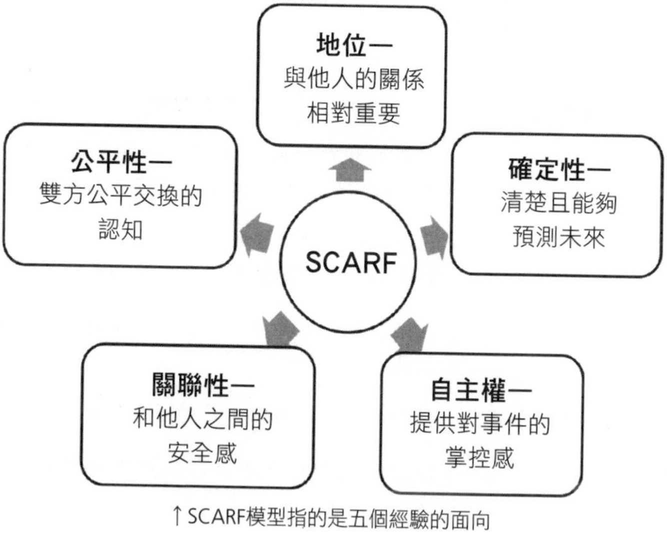

↑SCARF模型指的是五個經驗的面向

你可以運用這個模型幫助自己了解發揮影響的可能反應有哪些。讓我們假設你想要發威影響力，在工作上做出重大改變，也想知道自己能夠對同事發揮多少影響力。有些同事可能會把你的提案視為潛在威脅。有些人則比較不擔心自己，而是擔心自己的團隊成員。以下列出一些他們可能會提出來的問題（如下表）：

很巧的是，SCARF模型也可以置入第九章當中的主要驅動力：S就像驅動力C，C與A則非常類似驅動力A，R與F則呼應了驅動力B。

考量大家面對改變的不同偏好

大家常有的一種錯誤想法，就是沒有

個人偏好	典型問題
地位（S）	這會對我在機構／團隊當中的位置造成什麼影響？我還是能夠出去見那些重要的人嗎？
確定性（C）	我還能夠代理同樣的客戶嗎？ 我何時能夠得知更多有關改變的細節？
自主權（A）	目前我的主管給我很多自由。這種情形會持續下去嗎？
關聯性（R）	我還能夠坐在潔瑪和尤爾根旁邊嗎？
公平性（F）	這會對我的團隊領導人及團隊成員造成什麼影響？有人必須離開團隊嗎？

人喜歡改變，但如果你想想在你想要提出改變時，有同事可能會設下的障礙，那麼請你事先做好準備，面對即將發生的事。我們在面對工作上出現改變時，都有不同的偏好。切記大家面對改變的偏好取決於改變的類型，以下列出一些常見的偏好（如下表）：

以上哪些屬於你的偏好？你最想要影響的人，你知道他／他們的偏好是什麼嗎？如果不知道，那要怎樣才能知道呢？

準備好要發揮影響力的重大會議

本章到目前為止，我們已經討論過你如何發揮正面的影響力，例如友善、建立關係的能力，以及周遭的人對你的信任，你的長處，你的價值觀，

立刻一直接改變	拖延
完全改變	在一段時間當中慢慢改變一部份
遠離目前的不滿	朝向吸引人的願景
被動一被領導	主動一領導
開始著手新專案	把事情結束
需要更多資料	憑藉直覺

你的目的感以及你的溝通能力，包含聆聽與敏銳感知周遭他人的需求。請你觀察任何團隊，看看正在同事身上發生作用的影響力技巧，你很可能會覺得要發揮影響力毫不費力，實際上這很常自然而然地發生，但如果你心中有特定的目標，那麼要發揮影響力就必須經過思考與計畫。

有時候你會想要提出需要謹慎規劃的重大改變。在這種情況下，請在這種會議之前就先準備好書面計畫。在本章的最後，你可以看到「影響會議計畫」的連結。

以下是你為發揮影響力做準備時的一些關鍵面向。

你的提案以及呈現的方式

在所有情況之下：

- 請評估自己的關係與信任程度，尤其是你在想要影響者心中的信用；你要怎樣增加信用？
- 或許從你可以諮詢的對象了解其他人的優先次序以及關注的事物，並且依據這些調整你的提案
- 盡可能將你的提案與組織的「基本原則」產生連結，例如，如何能夠增

加獲利、現金流、客戶滿意度、員工留任率、紅利、效率等等？

- 用其他人能夠產生連結的方式準備你要說的內容

設身處地為他人著想

- 請思考一下別人對你的看法如何。你很可能對未來最好的出路充滿熱忱，但切記，正如上述所言，如果你讓人覺得過於一板一眼，其他人很能會設下各種障礙，你就會發現自己很難勸說他人以及發揮影響力
- 大家往往會從以自我為中心的心態開始發揮影響力，在快要失敗的時候，才轉變成合作的心態。那種轉變往往無法奏效，因為傷害已經造成了，同時／或者對方不再相信你是真誠的
- 如果對方對於那個問題有著很強烈的情緒，通常運用說理的方式很難有所進展。在這種情況下，最好帶著同理心聆聽，直到對方的情緒消散為止
- 大家總是用在當時對他們有道理的方式說話或做事，即使對你來說沒有道理也一樣，因此請你試著去了解他們的理由

讓你可能會畫地自限的理念浮出檯面

在計劃的其中一個階段當中，很重要的是要讓任何可能會畫地自限的理念（第四章）浮出檯面，這些可能是：

- 我想要影響的人太重要了，不可能聽我的話
- 我從來沒有處理過這種規模的事
- 我害怕自己的提案會被拒絕，這樣我就會看起來很蠢
- 他們的問題與優先次序與我的不同
- 他們會認為我有其他的企圖，例如取代其他人的工作
- 改變的需求明顯到不行。我需要承受這些壓力嗎？

在第四章當中已經說明過挑戰劃地自限理念的流程。

當然，你要發揮影響他人的能力，可能存在著實際上的障礙，因此讓這些障礙浮出檯面也非常重要。花些時間找合格的教練或是經驗豐富且能夠信賴的同事諮商，這點相當重要，如此一來，你就能夠討論可能遇到的障礙，以及探索克服障礙的方式，或是將阻力降到最低的方式。

會議過程當中

在會議過程當中，記得下列各點會對你非常有幫助：

- 你呈現想法的方式與內容本身同樣重要；請讓自己處在雙贏的心態當中，並且維持堅定的立場
- 請在對方的立場迎接他，也就是說請替他們著想。如果對方很憤怒／擔心／失望，挫折……那麼請在當時對方所處的立場迎接他：

  ☆專心聆聽對方所說的話。切記同理地聆聽不是迅速的解決方式，或是讓大家照你的意思去做的策略，真正的聆聽並且維持這種狀態，視對方的需求維持一段時間

  ☆步調：在你讀出來的時候，稍微模仿對方的情緒。他們說話的速度，臉部表情、手勢與姿勢能夠提供一些線索給你

  ☆領導：和他們處在同樣的情緒狀態當中，直到他們準備好離開這個狀態。請你確認他們是否準備好要走下去，看看他們是否跟著你走
- 刻意運用語言，例如：

  ☆「那似乎」往往比「那是」（通常只是你的意見）或「你是」（同樣

的，也只是你的意見）更溫和也更有效

☆請將敘述改為問題。例如：「我們要怎樣合作以……」「我想知道那會是什麼情形，如果我們……？」

☆抓住他們的想像，例如描繪這個改變會帶來的美好願景

• 處在合作的心態當中：

☆尋求對方的意見，共同找出解決方案

☆用三贏的方式思考，也就是你贏，對方贏，客戶、機構、團隊贏

☆避免不是／就是的思維。在任何狀況下，總是有超過兩個選項，因此請你敞開心胸探索第三個或是更多的選項。（請參考第四章當中的啟發性思考）

如果你受困了

你的努力可能會得到許多種回應，可能的情形有：

• 「是的」－明確地同意與投入新的行為、態度，改變政策，或是改變你想要倡導的流程

• 「是的…但是／或許」－綜合的回答，對方看似同意，但是仍然在抗拒，可能下定決心要找機會恢復原本的行為，或是延遲同意。請你思考

一下可能造成阻礙的事物。接著問他們還有什麼問題，或是他們是否需要額外的資訊

- 「不行」－明確地拒絕或是明顯抗拒／不願意服從。問他們要如何才能夠讓你的提案變得能夠接受。接著考慮修改你的提案以及重新進行簡報

如果你沒有立刻聽到清楚的「是的」，請你不要認為需要採取更強硬的手段，或是你的努力已經白費了。請你回去「先求了解」，請對方進一步告訴你他們擔心的事，或是還需要具備什麼才能讓他們同意。畢竟，接受需要花時間；要發揮影響力以造成改變，可能必須慢慢來。

結論

範例不是影響他人的主要因素，而是唯一的因素。

（亞伯特・史懷哲）

你扮演領導或是管理的角色時，可以效法聊好的領導者分享願景，說明為何需要改變，開誠布公地討論，協議方向，並且持續敏銳地覺察同事擔心的內

容。發揮你的正面影響力並不是說對障礙或挑戰視而不見。相反地，你必須公開提到這些，並且探索克服的方式。

發揮影響力以造成改變並不是一蹴可即的事，只靠一個人也不見得有效果。要作為達到目標的墊腳石，如果有一位或多位同事和你有共同的想法，以及共同的看法，你們就可以結盟。務必讓你的注意力不要被分散：在你改變發生時，請你感謝每個人付出的努力，以及整個團隊，也記得和其他成員共享你們達到的成就。

職場應用

a 在閱讀有關發揮影響力的這章之後，你已經擁有了哪些技巧，還需要培養的技巧有哪些？

b 重新閱讀合作與以自我為中心的心態表格。你目前的心態當中，有哪種（些）是你想要移到右邊去，讓自己更能夠與人合作？相反的，有哪些領域是過度偏向右邊的，因為你過度體貼，最後變成我輸你贏的結果？

c 請你想出兩個與自己機構有關並且會影響你的假設性組織改變，例如宣布重組，或是與其他部門／公司合併。請你再看一次SCARF的模型，以及有關大家面對改變的不同偏好。你基本的激勵因素當中，有哪項會遭到威脅，以及你面對改變的偏好當中有什麼是較明顯的？

d 如果你想要運用現成的「影響會議計畫」表，請你前往www.learningcorporation.co.uk/Library下載。

參考資料

◎Carnegie, Dale & Associates, How to win friends and in uence people in the digital age, Simon & Schuster, 2012

◎Cialdini, Robert, Pre-suasion: a revolutionary way to in uence and persuade, Random House Business, 2017

◎Rock, David, Your brain at work: strategies for overcoming distraction, regaining focus, and working smarter all day long, Harper Business, 2009

第九章

開始與持續行動：激勵自己與他人

簡介

過去七十年來，出版了無數關於領導以及管理的書籍，因此你很可能會認為所有的機構當中都充滿了鬥志高昂且感到滿足的人。CIPD[22]與其他機構的調查報告指出，目前仍有許多機構與個人努力想在工作時維持精力充沛，並且感到滿足。

早上是什麼原因讓你起床，讓你開始行動，即使工作相當困難也一樣？在沒有報酬時，或是在工作場所看見或聽到令人洩氣的事時，你如何激勵自己？每個人在面對這種情況時的不同反應，就讓結果大為不同，動力的來源與種類也大相徑庭。例如，金錢報酬本身往往不像大家所想的能夠激勵大家[23]。事實上，能夠激勵你的往往和能夠激勵別人的不一樣，這也就是在同事非常疲勞、承受重大壓力，甚至是不像你對任務那麼投入或是充滿熱忱時，若要讓同事能夠接受，可說是相當大的挑戰。

以下列出幾個可能的激勵因素：

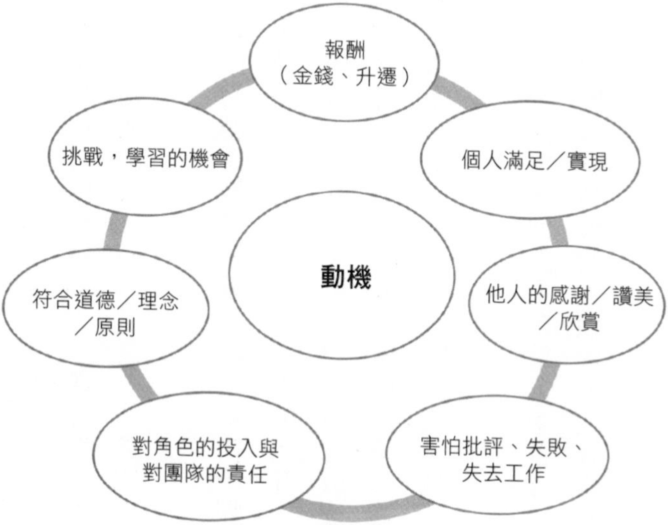

↑動機的來源

22 CIPD/Halogen Talent Management, Employee outlook – employee views on working life, CIPD, 2017.

23 Daniel H. Pink, Drive – the surprising truth about what motivates us, Canongate Books, 2011

根據你的經驗，你還能夠加上哪些動機的來源？或許是擁有舒適的工作場所，或是服務的機會。

你感受到的動機強度有部分取決於你擔任這個角色多久，或是待在這個機構當中多久。大家開始做某項新工作或是新專案時，往往充滿熱忱，並且會好好把握機會，但如果沒有加入養分，那麼動機很可能就會消失。讓你的長處、特質、技巧被看見與被欣賞，是非常強大的動機；反之亦然，沒有什麼比被視為理所當然或是遭到忽視更令人洩氣。

以上許多有關動機的敘述，說明了動機的滋養是從領導者或主管給予團隊的單向激勵。事實上，你無法讓某個人充滿動力，動力是來自個人的內在。正如瑪莉琳．弗古森（Marilyn Ferguson）所言，「我們每個人負責看守改變之門，那道門只能從內側打開」。當然，主管或是領導人能夠為環境定調，讓團隊的成員能在當中獲得良好的發展，但是那種文化只有在團隊成員能夠負責激勵自己時才能夠好好發展！

因此讓我們從思考個人的動因開始，思考你要如何努力創造大家都能夠維持的環境，並且在需要的時候進行修復，他們自身動機的強烈程度或許也會創造出激勵領導者／主管的環境。

Q
A

有三個人在採石場工作。他們整天都在敲碎岩石。

A女
問：「你在做什麼？」
答：用憎恨的聲音說：「我整天都在敲碎岩石。」

B女
問：「你在做什麼？」
答：用順從的聲音說：「我正在敲碎岩石，我想這些石頭要用來築牆。」

C女
問：「你在做什麼？」
答：正向地回答：「我正在敲碎岩石，這些岩石會被用來蓋教堂！」

你認為誰在工作時會最快樂？為什麼？

進一步了解動機

許多理論都想要說明動機的來源，以及如何增強與維持動機。對大部分的人來說，個人的價值觀，例如創意、正義、服務、和諧、卓越都是強而有力的動因，尤其是在（正如我們在第七章當中提過的一樣）機構的價值觀相同時更是如此。如果缺乏這樣的工作文化，就會使人洩氣，並且造成憤世嫉俗以及怠惰；最終這種缺乏連結的情形，就是讓大家離開機構的原因。

在一九四〇年代初期，心理學家亞伯拉罕・馬斯洛（Abraham

Maslow）在他的「需求理論」[24]當中提及了人類動機的概念。他的理論基礎是人類行為最重要的基礎是生理需求，以及安全的需求。在這些需求滿足之後，才能處理其他重要需求，包括歸屬感、自尊、自我實現的需求。

下表當中列出了馬斯洛提出的五種需求，並且舉例說明每種需求（如下表）：

人類對安全感以及生理方面的需求必須先被滿足，才能夠考慮到更高層次的需求，並非完全正確。你顯然可以回顧過去，想想那些作曲家、藝術家、神秘主義者、宗教領袖等等，他們只注重較高等的需求，而且經常犧牲自己的安全與健康。

24 Abraham Maslow, A theory of human motivation, Wilder Publications, 2013 (rst published 1943).

五種需求	需求舉例
自我實現與超越的需求	完全發揮個人潛力，包含創意活動，捨己為人，例如服務他人與靈性追求
自尊需求	尊重、地位、自由、自尊
社交歸屬感需求	友情、親情、親密關係、連結感、歸屬感
安全需求	人身安全、工作、財產、生活穩定
生理需求	食物、水、保暖、休息、衣著、健康

↑馬斯洛的需求層次（改寫）

在工作上的驅動力是什麼？

幾十年來，馬斯洛的需求層次已在不同的脈絡與觀眾面前被重新闡述與呈現了無數次。

我們二十五年來替全世界數百位經理人工作，經常必須協助他們設計激勵的課程。我們請參與者假設自己的雇主滿足了他們生理與安全的需求。接著我們提出兩個問題：「是什麼原因讓你能夠在漆黑潮濕的平日早晨起床？」以及「你覺得自己工作當中的哪個部分特別能夠激勵你？」在我們歸納了大家對這兩個問題的回答之後，發現大部分的學員多半是受到下列其中一項驅動力的激勵：

- 驅動力Ａ：專注於任務，並且用高標準完成任務。這個人喜歡被視為專家，並且會被指派進行具有挑戰性的技術工作。對這個人最大的侮辱，就是在他們不知道某個技術問題的答案時羞辱他們。
- 驅動力Ｂ：專注於人，尤其是自己的團隊成員。這個人非常善於社交，喜歡擔任團隊成員。對這個人的最大侮辱，就是（意外地）沒讓他參加團隊的重要活動或會議少數學員則是屬於這種：

• 驅動力C：專注於有影響力的人身上，例如資深的管理階層，同儕，以及重要的外部利害關係人。他們喜歡被「看見」，也想要參與重要的專案與業務發展活動，即使這些是由別人負責的也不例外。對這個人的最大侮辱，就是忽略他或是將他排除在外。

如果你想要更詳細地了解這些驅動力的細節，請參考本章結尾處的連結。

似乎這三項驅動力在我們年輕時就已經成形，其中一項通常會發展得比另外兩項好。其中任何一項並不會比其他兩項更重要，也與你的智能或能力無關。我們的主要驅動力或許不會在經過一段時間之後出現大幅改變。我們所能做的事，就是更了解驅動力對我們與其他人驅動力不同的人有什麼影響。如此一來，我們就能夠調整自身行為，減少某種強烈驅動力造成的衝擊，以及／或增強較弱的驅動力。

我們在第三章當中討論人格特質的時候，不同的驅動力會對團隊整體的表現帶來不同的好處。在理想的情況下，每個團隊最好每驅動力都有一位成員作為代表，當然他們也必須了解不平衡造成的後果。

反思時間

你最主要的驅動力是什麼？你的需求獲得滿足了嗎？如果你具有其中一項較強的驅動力，那麼這會阻礙你指派工作嗎？如果是的話，我們會在第十二章當中提到這點。

幾年前，我們與一間跨國科技公司的經理人合作，協助他們在主要公司據點舉辦激勵工作坊。我們發現無論前往哪個大陸，每間分公司的特質都很類似，例如他們最多人的驅動力是B，其次為A，接著驅動力C的人數則和前兩者相去甚遠。我們和這街公司合作時，他們才併購了一間以銷售為導向的小型跨國科技公司。這間小公司當中最多人的的驅動力是C，其次為A，排名第三的則是驅動力B。我們在併購後舉行的激勵工作坊，幫助大家了解為何兩群不同的經理人會有摩擦。在他們開始欣賞三種驅動力者帶給團隊的優點，以及如何改變自己的行為，以減輕特定驅動力者造成的影響之後，摩擦的問題就改善了。

分配工作與給予回饋

不要藉由你的收穫來衡量每一天，而是要用你播下的種子來衡量。

羅伯特．路易斯．史蒂文生（Robert Louis Stevenson）

在你指派工作或是提出回饋給具有高度特定驅動力傾向的同事時，可能會覺得以下的內容相當實用。

驅動力A

主要受到驅動力A激勵的團隊成員非常需要具有挑戰性，但卻非無法完成的任務，也就是他們認為能夠幫助機構達到他們願景與策略的計畫。他們在克服困難的問題或是狀況之後會非常有活力，因此你必須讓他們用這種方式投入工作。他們無論是單獨工作或是與其他高成就者合作，都能發揮良好的效果。在給予回饋時，請給他們理性且平衡的評價。他們想要知道自己做對了什麼，以及有什麼需要改進的地方。

驅動力B

他們在團隊環境之中能夠發揮最佳的效果，因此可能的話，盡量把這些人放入一個團隊當中（相對於獨立作業）。在給與這些人回饋時，請針對個人發言。給與平衡的回饋依舊很重要，但你一開始再給予評論時，如果能夠強調他們良好的工作關係，以及你信任他們，那麼他們就比較容易接受你所說的其他內容。切記這些人通常不希望出頭，所以你最好在私底下稱讚他們，而不要在所有人面前這麼做。

驅動力C

他們在主導的時候能夠擁有最佳的表現。因為他們喜歡競爭，在以目標為導向的專案或任務時，會有最佳的表現。他們或許在協商或是要勸說對方接受一個觀念或目標時，能夠發揮最大的影響力。在給予回饋時，請和這些團隊成員直接說明，並且以目標為導向。鼓勵他們把競爭的精神發揮在外部的競爭上，而不要和同事競爭，並且幫助他們訂立更長遠的職涯目標，藉此激勵他們。

激勵Y世代

你曾經和千禧世代共事過嗎？或者你本身就是千禧世代的一員？過去十年左右，有許多人說過或寫過與千禧世代共事的內容。所謂千禧世代，就是出生於一九八〇年代至一九九〇年代的人，這群人通常被稱為Y世代。當然，每個世代都會將新觀念帶入團隊當中，並且因為所有的領域以及改變中的教育與專業版圖的新發明，因而遭遇新的挑戰，此外下一個進入勞動市場的世代基本上也會收到許多抱怨！然而，事實上，Y世代是新的或是未來的經理人與領導者，因此很重要的一點，是要考量他們的想法與渴望會對大家的動力造成什麼影響。

千禧世代熟悉數位科技，因此他們對新可能與世界觀抱持著開放的態度，工作的世界也包含在內。他們習慣協商，想要參與，通常認為「不」不是個令人滿意的答案，因此比起之前的世代，所有權與影響力對動機與投入的影響更為強大。更重要的是，許多千禧世代也希望能夠在工作上獲得啟發，往往也認為感到快樂與自我實現是相當重要的事。

千禧世代與Z世代（一九九五～二〇〇二）及之前的世代具有的認定與期

待也有著明顯的不同：

- 他們對新科技相當熟悉，隨時準備好立刻獲取所需的知識。他們也能夠完全利用社群媒體網路來獲得支持與完成工作。這兩項元素結合起來意味著他們往往相當有彈性，具有（也期待）採用自我管理的工作方式
- 他們也想要參與，並且期待有人聆聽且重視他們的想法，有時候如果在職涯早期沒有出現這種情形，那麼他們可能會感到不耐煩
- 他們往往注重在「高階」的需求（就馬斯洛需求的階級而言），希望覺得自己的工作有目的與有意義，並且在工作生涯之初即是如此。之前的世代通常都注重在「低階」的需求上，生活的目的往往在工作生涯較晚期才出現
- 比起之前的世代，他們往往比較不想等待「延遲報償」，這是之前世代普遍接受的規則。他們期待迅速升遷，因此可能與較資深的同事之間出現緊張的關係
- 他們期待定期收到回饋，同時也不欣賞微管理

因此我們可以說如果能注意千禧世代的動機需求，那麼大家都能夠獲得好處。大部分的人在工作上都想要獲得成功、滿足、快樂，希望他們帶入機構的

價值能夠獲得重視，並且在工作與生活方面取得平衡。我們早該感謝千禧世代作為所有員工的表率。讓你的工作環境文化與人類深層的動機達到一致，會對員工管理帶來正面的影響，讓所有不同世代的人都能更為滿足與成功。

結論

在一切看似對你不利的時候，請你想想飛機是逆風而飛，而非順風而飛。

（亨利・福特）

現在你應該從本章以及其他章節當中得知你和同事都是獨一無二的個人，因此需要不同的因素來激勵自我，並且願意「多走一哩路」（也就是所謂的「無條件努力」）。了解動機的基本原理，能夠幫助你知道哪種策略最適合你。同時也能夠幫助你運用不同的方式強化團隊成員的動機。本章當中提及了許多如何替自己與同事創造激勵環境的概念。

你有權花時間讓自己充滿足夠的動機；照顧自己的目的如果是要改善關係與績效，就不是件自私的事。如果你開始接近能夠激勵自我的同事，那麼就會對你有相當的幫助。如果你相信自己所做的事，這將會展現在你日常的行為舉止當中，你的團隊成員也能夠因此獲得力量。

如果你擔任管理職，或是扮演會影響團隊想法的角色，以下這些小訣竅有助於為你與團隊創造激勵的氣氛：

- 如果團隊的動機低落，首先要檢視你自己的動機高低。如果同樣很低，這可能就是問題所在。你應該想起這句諺語：「熱忱具有感染力，缺乏熱忱也是。」
- 切記動機只是工作表現的一個面向，請注意，不要用「缺乏動機」來概括說明表現不佳的原因
- 檢視馬斯洛需求層次當中的每個層次。強化其中的哪一點可能會對動機有正面的影響？
- 每天與同事的接觸，包括指派與給予回饋的時候，都是讓接受者增加動機的機會
- 就像你了解自己業務主管的個性以及他們的動機高低會對你造成影響一樣，你的同事也會注意你的個性與動機高低，並且受到影響
- 在進行長期計畫時：

☆請將專案分成幾個比較小的工作，在進入下一個階段之前，請檢視每個完成的部分。這些中間的截止時間以及檢視結果有助於維持較強的動機

☆在長期計畫開始時，請和客戶達成協議，同意在每個新階段開始時會由不同的人負責。這樣能夠讓專案充滿新的動力，讓同事在自己負責的期間充滿動力

☆和那些不會每週碰面的同事進行確認，是更重要的事。他們需要有人讓他們知道自己沒有遭到遺忘，仍是團隊的一份子，他們的貢獻也非常重要，並且會受到重視。我們會在第十三章當中做更完整的說明

☆動機不是用在目標與任務而已，也會用來鼓勵與機構目標及價值觀相符的行為與態度。用不同的方式獎賞這些行為與態度，例如認可他們支持機構價值觀的重要性

☆創造團隊當中的「我們」文化。團隊當中的人不會具有完全的同質性，但你可以創造出有歸屬感的團隊，並且促進信任，形成同事間都能夠受到激勵並且能夠完全發揮潛能

職場應用

a 寫下三到五項能夠激勵你的事，並且發揮創意思考，想想在你每天的工作當中，如何能夠滿足那些需求

b 你如何能夠改變自己正在做的事以提升自己的動力？想想自己所做的工作最後會有什麼結果，例如「我會救人一命」而不是「我在地方醫院負責保養電氣設備」，前者會帶來更強大的動力

c 前往www.learningcorporation.co.uk/Library 並下載更多資訊，進一步了解能夠激勵你的個人動因

d 請你思考一下，是不是有哪位和你密切共事的同事，他的動因你有所不同。他們的主要動因為何？請記下你對下列問題的回答：

- 你們不同的主要驅動力在你們共事時有什麼幫助？
- 你們有可能因為什麼原因惹惱對方，以及工作的哪些面向可能會遭到忽略？
- 你如何能夠和對方「達成協議」，共同克服所有困難？

e 請你考慮填寫我們的「團隊表現評估表」，並且在提升個人及／或團隊

動機的脈絡下檢視結果。請至www. learningcorporation.co.uk/Library下載這份表格。

參考資料

◎Jacobs, Susanne, Drivers: creating trust and motivation at work, Panoma Press, 2017
◎Pink, Dan, Drive: the surprising truth about what motivates us, Canongate Books, 2011
◎Ryan, R. M. and Deci, E. L., 'Self-determination theory and the facilitation of intrinsic motivation, social development, and well-being', American Psychologist, 55(1), 68–78, 2000
◎Sirota, David, Mischkind, Louis and Meltzer, Michael, The enthusiastic employee: how companies pro t by giving workers what they want: what employees want and why employers should give it to them, Financial Times/Prentice Hall, 2005

第十章

最好的自己：充分利用我的優點

不要隱藏你的才華，才華就是要展現的，日晷放在陰影下還有何用呢？

——（班傑明・富蘭克林）（Benjamin Franklin）

前言

你有沒有參加過相隔多年的同學會，或是同事聚會，又見到以前非常喜歡、卻許久未見的老同事？或許他們換了髮型，長相也變老了，你幾乎認不得他們，但只要再和他們聊天，五分鐘內你就會知道，「這個人一點也沒變！」——他們對人的關心、分析能力、細節的觀察力，或是可以看到大局的能力…他們多年來完全沒變。

你獨特的優點及特質，是你核心組成的一部分，讓你與其他成千上萬的人不一樣。只要你了解自己獨特的才能及優點，就能更了解從長遠的角度來看，什麼因素最能帶來工作滿意度及刺激力——以及什麼特質過度使用後，可能會讓你失望。

我們說的不是如何發展你的技巧或能力，隨著時間，你可以透過技術訓練學會許多工作執行的方法，但那不一定能帶來深層的個人滿意度或成就感。你或許一次次被要求執行同樣的工作，因為你的主管認為這是你的長項，但你知道主管所看到的才能或優點，其實只是學習得到的行為。在你的一生中，你的核心優點始終伴隨著你，而且與你的聯繫非常緊密——這是件好事，只要你知道如何善用它們，而這也是我們本章要討論的內容。

在本章中，我們想和你分享：

- 找出自己前二到四個獨特才能及優點的好處，以及注意自己使用它們的方式。
- 發展中要更專注於你的優點，而非弱點。
- 過度使用才能及優點的危險性，它們可能使你的人際關係產生問題。

我們的經驗顯示，注意優點而非弱點，對職場中的個人和團隊都有明顯的影響。一般說來，人們會比較開心，更有自信，壓力較少，適應力也更好。其他好處包括：

- 更高的自尊感及更強的認同感
- 精力及活力提升
- 對他們所做的選擇有更深刻、更清晰的了解
- 表現提升
- 滿意度、成就感和參與度提升
- 更能留住員工

為什麼要注重優點？

在一九八〇年代，若說以「肯定式探詢」（Appreciative Enquiry）方式工作，是指個人或團隊聚焦於能讓工作順利的事，如此才能讓發展更有效率。同一期間，「尋解導向」的觀點則聚焦於我們想要什麼（解決方案），而非我們不想要什麼（問題），並找出適用於我們的方法，以及如果利用這種方法，才能最有效率地促進成功、達到卓越。

在一九九〇年晚期，一位美國心理學家馬汀・塞利格曼（Martin

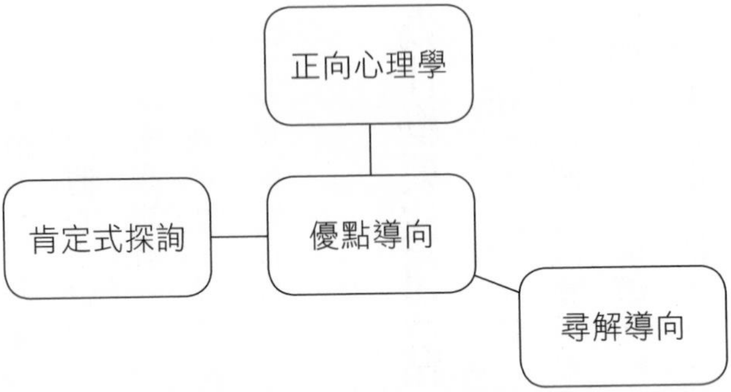

↑近期優點研究的起源

Seligman）[25]展開一項名為「正向心理學」（Positive Psychology）的運動，塞利格曼一直在科學社群裡積極推動正向心理學，不只是因為他對幸福的人何以幸福提出一套系統性理論，也因為他利用科學的方法進行探索。塞利格曼進行詳盡的問卷調查後發現，最滿足、最正向、最充實的人都是已經找到且利用他們獨特「個人優點」的人。

優點是能量來源

根據保羅．布雷維爾頓（Paul Brewerton）及詹姆斯．布魯克（James Brook）[26]的研究：「優

25 Martin Seligman, Learned optimism, Pocket Books, 1998.
26 Brook, James and Brewerton, Paul, Strengthscope® handbook: your guide to achieving success through optimising strengths and reducing performance risks, Matador, 2018.

點是讓你充滿活力、促進個人成長並達到最佳表現的基本素質。」想想工作中一切都很順利的時刻——你掌控全局，「順暢」地完成工作，喜歡每一時刻，也喜歡你自己，在這些時候，你不只是做你擅長的事——你很喜歡，且充滿活力——即使你感到疲倦，你還是感到精神振奮。

你在發揮優點時，尤其是一開始，你會擁有主權感和真實感（「這就是我」），同時還有興奮感。你會有意識或無意識地尋找使用優點的新方式——創造和個人優點有關的計畫，然後在發揮優點時感受到喜悅、快感和熱情。甚至學習新知識也似乎不需要花費很多力氣，你也會因此渴望找到利用和探索這些優點的新機會。[27]

如何找出你的核心優點

如果你：

- 花些時間找出你獨特的才能和優點，並且
- 工作時盡可能使用這些才能和優點，私人生活也是，

27 Martin Seligman, Authentic happiness, Nicholas Brealey, 2002.

你會覺得自己的人生更加充實，尤其是在你努力想服務他人的時候，像是你的客戶、家人或社區。

舉例來說，我前半段職涯是註冊會計師，在那段時間，我獲得與小型及全球組織合作的豐富經驗，例如會計、收購、戰略、公司周轉、業務發展、市場行銷和銷售等，超過二十個國家，幾乎遍及每個行業。我是一名能幹的員工，因此獲得晉升，後來我探索出自己前三個獨特的才能，塑造了我後半段的職涯，也讓我充滿活力。它們是（如下圖）：

想探索自己的獨特性，找到優點及天份，請見「創造有目的之人生」[28]，其中提供了簡單的步驟，在一開始，你可以利用我們準備好的可能優點清單。這份清單的連結在本章的最後。

28 Richard Fox and Heather Brown, Creating a purposeful life – how to reclaim your life, live more meaningfully and befriend time, Infinite Ideas, 2012.

才能／優點	為我帶來極大滿足的活動範例
創作者 建立者 實現者／鼓勵者	建立一家歐洲的公司，吉爾福德（Guildford）商業論壇、吉爾福德職業俱樂部；為六十家以上的新創公司擔任顧問；撰寫勵志文章及書籍；協助無數的工作坊、輔導和指導工作；舉辦一次三十九英哩吉爾福德周遊活動，一個爵士俱樂部，兩個室內合唱團，兩個小型歌唱團體以及我的健行團體。

你的優點可能成為麻煩

喔，請賦予我們能力，

讓我們能用他人的眼光看見自己。

（羅伯特．伯恩斯）

很難想像這麼正向、這麼富有活力的優點，有時候也會出錯。你有沒有遇過急躁、自大、固執己見、大驚小怪或嘮叨的同事呢？他們的行為或許是因為他們過度使用優點了。如果過度使用成為習慣，就可能破壞工作中的人際關係。

有時候優點可能危及我們的表現，如果⋯

- 我們用在錯誤的情況下
- 用在錯誤的人⋯
- 用的太過度！

超速的優點

我們感到過度緊張，或承受異常的壓力時，我們可能冒險「過度發揮」自己的優點，以下我舉幾個例子：

優點		過度使用優點的可能結果
自律	→	和團隊疏遠——不再注意他人的需求
投入	→	工作狂，設定不可能達到的高標準，過度疲累，易怒急躁
細心，審慎	→	不斷地要求資料，勉強，無法獨立進行決策，拖延
果斷	→	急躁，削弱他人的力量，缺乏耐心，有控制欲
有遠見	→	無法專注，無法提出方向或貫徹始終
注重結果	→	以勢凌人，不停轉換結果，過度努力直到精疲力竭
熱心助人或貼心的	→	干擾，大驚小怪，專橫，感覺像某種親子關係

為了應對充滿壓力的環境，我們想利用已知的優點——並且更用力的發揮優點，就像是調高音量。然而，以這種方式過度使用我們喜歡的優點會對個人和團隊產生負面影響，我們可能會得到某種形式的回饋——有時候是非常強烈的回饋——其他人可能不喜歡我們的行為。你或許會聽到別人說：「別再管東管西了，」「你為什麼要這麼早就提前計劃？」

處理回饋

大問題來了，如何處理這種回饋。有些特別具有自我意識的人可以察覺自己過度使用優點，並且可以收力，調整自己的行為；其他人也會調整他們的行為……總有一天的。

但有些人會完全放棄，告訴自己「好吧，如果你不想要我幫你，你可以自己完成這個工作。」這些人困在放棄的狀態裡；他們的優點被否認，他們無法發揮真實的自己。得到這種回饋的人，他們會感覺不舒服，丟下這個責任並不是他們真正想做的事，這也讓團隊其他人感覺疑惑，他們可能覺得被遺棄了。

如果沒有機會可以透過輔導、換角色／換團隊，來重新審視個人發展需求，他們甚至可能經歷某種危機——情緒異常爆發（沒人欣賞我），健康狀況惡化，或是感覺他們無法做好工作。他們可能帶著他們未解的行為問題，直接決定離開組織。

找到平衡

如果你因為過度使用優點而處於不安的情況，我們建議你先了解自己的優點，如此你才能基於真實的自我，有自信地著手開始，然後再想想這些優點過度利用時可能會是什麼樣子、什麼感覺，或許你需要一些輔導支持，如此一來，你會在做人和行為上找到更平衡的方式，從中你能更快樂，也能與同事和諧合作。

整個經驗會像是這樣（如左圖）：

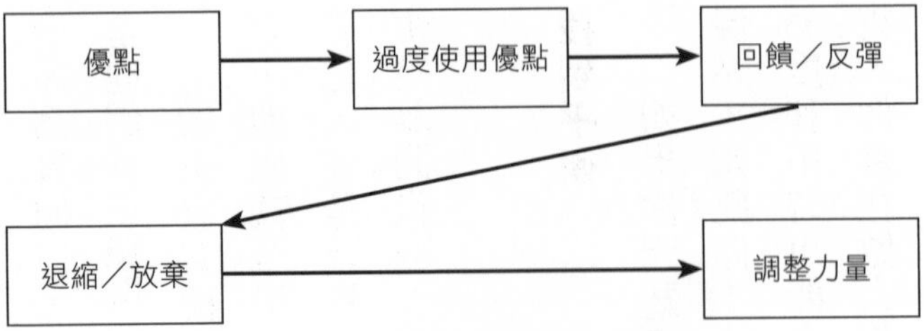

↑過度使用的優點會如何影響個人及周圍的人

處理困難的人際關係時要反省自己的優點

想想你和處不來的同事或客戶共事，和他們溝通很困難，或是他們就是會惹惱你！從那些最難相處的人身上，你可以了解自己的許多事，別人讓你惱火的事，或許也是你過度展現你的優點。舉例來說，你可能喜歡偷偷成為注意力的中心，你就可能對精力充沛的新同事感到生氣，他總是偷走眾人矚目的焦點。（第七章已介紹過相關的概念：投射。）

或是你同事的優點可能與你的相反。

以下是幾個範例：

- 如果你是個果斷的人，你或許會很難忍受你認為被動的同事。
- 如果你是個有彈性的人，你或許會因為他人明顯的固執而生氣。
- 如果你的貼心和同情心泛濫，你可能會挑剔同事明顯疏離的態度。

一旦確定了正在發生的事，你就可以更了解他人的行為，並做出更適當的反應。

到目前為止，這一章主要集中於一個人的行為對另一個人的影響，實際上，一個部門中很可能不只一個人過度使用他們的優點，這會讓環境更加複雜，在系統性團隊工作中經驗豐富的引導者可以幫助整個團隊了解正在發生的事，以及如何克服工作關係中的緊張。

那，弱點呢？

人經常會過度執著於出錯的事，而非順利的事，執著不擅長的事，而非能發揮能力的事。或許你常收到回饋，告訴你需要改進什麼？（第十一章會更詳細討論回饋。）

重視優點不會忽略弱點，而是會提出一個問題：「這會影響我的表現嗎？」——若缺乏這種優點，會對我執行工作的能力有負面影響，或是對我和團隊的關係產生負面影響嗎？如果對表現或工作關係不會導致嚴重問題，便可視為可允許的弱點。的確，你的弱點可能成為一種優點，舉例來說，或許有人會形容自己喜歡杞人憂天，經過多年後可能發現，凡事三思可能會讓解決方法意外地突然出現，對這種人來說，這種顯而易見的弱點就成為優點，也是成功的關鍵。

沒有人可以讓自己全部優點都一樣厲害，但對許多人而言，僅專注於弱點可能會降低活力，減少動機，使表現不佳，因此你應該思考的是，如何更加展現出目前未充分利用的優點。

結論

此處值得再重複一次，如果你想對組織或社區產生真正且積極的影響，我們鼓勵你先找出自己與生俱來的獨特優點，然後找到規律使用它們的方式，特別是為他人服務時——例如同事、客戶、家人或社區。

想想所有同事都知道自己二到四個獨特的才能及優點，可以對生產力和幸福感產生積極的影響，他們的工作內容也會重新調整，如此才能善用他們的優點。

最後，再想想如果績效評估及每日的回饋都更加著重於你及同事做得非常好的事，而非那些小差錯，能對動機帶來的正面影響。

職場應用

a 我們發現即使在高階職位上，人們經常不知道自己的獨特才能及優點，所以，想一想在工作上一切都很順利的時候——你在「最佳狀態」，非常享受自己正在做的事，你利用了哪種個人優點，才能讓事情如此順利？你可以如何調整角色或工作類型，好讓你能更經常使用這項優點呢？

b 為了幫助你找出自己的優點及才能，可參考網站www.learningcorporation.co.uk/Library，上面列了可能的優點清單，你也可以下載下來。

c 網站上還有個案研究，幫助你了解過度使用優點的後果。

d 想想自己身處工作壓力的時候，如果這會導致你過度展現優點，對其他人而言會是什麼感覺？你想對自己說什麼，好讓自己離開那片懸崖？在這種時候，同事們可以怎麼幫助你（以及你可以怎麼幫助他們）？為了調整這項優點，你可以怎麼做？這對你和其他人有什麼好處？

e 想想職涯的中程或長程規畫，還有面對職涯威脅，例如人工智慧、機器人技術或其他科技，你該發展什麼優點，才能確保自己的就業能力不因這些迫在眉睫的威脅而過時？

參考資料

◎Brook, James and Brewerton, Paul, Strengthscope® handbook: your guide to achieving success through optimising strengths and reducing performance risks, Matador, 2018

◎Csikszentmihalyi, Mihaly, Flow: the psychology of happiness, Rider, 2002

◎Fox, Richard and Brown, Heather, Creating a purposeful life – how to reclaim your life, live more meaningfully and befriend time, Infinite Ideas, 2012

◎Linley, A., Willars, J. and Biswas-Diener, R., The strengths book, CAPP Press, 2010

◎Seligman, Martin, Flourish: a new understanding of happiness and well-being, Nicholas Brealey, 2011

第十一章

回饋的藝術：有助學習的回饋

失敗並不存在，只有讓人學習的回饋和機會。

前言

我們曾聽到客戶提出一些想法：

我已經在這裡工作八個月了，還不知道要怎麼應對。但願，沒消息就是好消息……是嗎？

聖誕節前兩週的個人表現評估，老闆告訴我他二月聽到某個主管對我表現的評論，我真的不知道自己之前做錯了什麼，為什麼二月的時候不告訴我呢？

我們長時間投入一個複雜的專案，在週四傍晚，專案經理將我留下來，聊聊那天稍早發生的事件，我很生氣，因為我很疲倦，而且還得花一小時才能到家，這場會議當然可以晚點再談。

我們都同意，這些都是沒有提供回饋的範例，所以，什麼是好的回饋，要怎麼提升給予和接收回饋的能力？本章將先著重討論如何給予回饋，然後再談談如何接收回饋。

回饋的目標是什麼？

回饋是認可工作表現優良、討論具體改進領域、表示讚賞、提供支持，鼓勵和激勵的機會，對員工滿意度、工作效率及工作良好表現至關重要。但整體來說，建立一套給予和接受良好回饋的體系和組織文化，可以對團隊工作、信任度和整體動機帶來巨大的好處。這不只是一般的檢討，而是創造一套反省實踐的文化。

鼓勵反省實踐的文化

反省實踐是指每個人（團隊成員和管理者）定期評估自己的表現，贊美自己的優勢和成就，並找出可以改進及需要支持的地方。這種方法可以更快找出問題，也能在沒有恐懼的情況下一起持續改進。

你或許不是管理人員，但每個人都有責任建立誠實開放的文化，如果你是管理人員，你可以邀請直屬主管、同事和團隊成員定期提出回饋，樹立反省實踐的典範。說出你自己正在做的事，你想做出的改變，鼓勵他們對你的進展提出回饋。

你詢問自己及他人的回饋問題可以非常簡單直接，舉例來說：

你對我……的方式有什麼評價？

你對我的進展有什麼建議？

向他人提出第二個問題對大多數人來說都是一個挑戰，因為我們不知道會聽到什麼。在你提問之前，先深呼吸幾次，感覺自己的腳踏實地，放鬆肩膀，與對方進行眼神接觸（如果你的文化允許這種行為）。對他人看待世界和你工作的方式保持好奇，回饋對話的好處不只在我們聽見的內容，也是和對方建立開放性與信任關係的機會，這種好處是長時間的。

你或許會覺得沒時間做這種反思，也沒辦法定期要求他人回饋，但問問自己：

對我和對團隊而言，做這件事的好處是什麼？

不做這件事可能有什麼後果？

回饋是定期評估循環的一部分

為了對個人及團隊發揮最好的影響，回饋必須融入團隊每日反思、學習和改變的循環。

如果你肩負管理責任，你可以從以下這些方式開始：

- 定期評估自己的行為——包括你完成的任務和建立的關係。
- 為你的團隊設置反省實踐的機會，例如在會議最後增加一項議程，邀請與會者對你主持會議的方式，

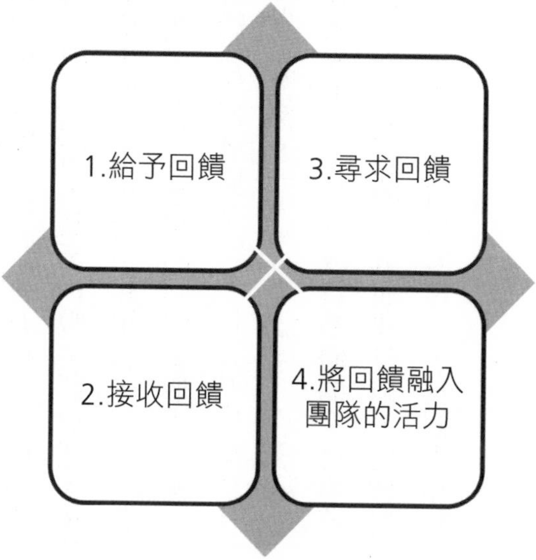

↑回饋——反省、學習和改變的循環

或是團隊在會議中合作的方式提供回饋，不必每次會議都增加，但必須定期實行，且在會議上要給予這項議程充足的時間。

- 請管理者和直屬主管提供回饋。

大多數組織都有評估制度，定期提供回饋，這通常會有份全方位的報告，意即回饋可以相當形式化，使用表格，回答問題，甚至以數字評估個人績效。數字資訊雖然是許多人喜歡的學習風格，但它也可能引起爭論，例如「為什麼給我四分而不是五分？」這可能導致關係緊張。理想的回饋是取得平衡，使回饋活動更像是反省性的評估：「組織想如何發展？」「你在其中擔任什麼角色？」「我們一起反省前段時間你過得怎麼樣。」。

高品質的回饋由領導者形塑，並重複進行，使其成為團體的例行事務，它能鼓勵團隊形成一套開放的學習文化，同時也鼓勵坦誠而非責備，這種對話能提升改進的欲望，同時也能促成學習的心態，持續發展專業，讓個人和整個團隊受益。

良好回饋的目的及益處

回饋的目的及益處包括（如下圖）：

- 高品質的回饋能建立有建設性的關係，幫助團隊達到目標，並有助於持續專業發展。
- 定期給予回饋有助於創造開放的氣氛，眾人期待並付出信任和支持，團隊專注在個人和團隊責任，打造持續學習的文化。
- 清晰而及時的績效回饋可以使你清楚地了解各個角色和任務的「內容、方式、原因和時間」，並提高團隊的工作品質，團隊成員需要清楚明白的資訊，才能幫

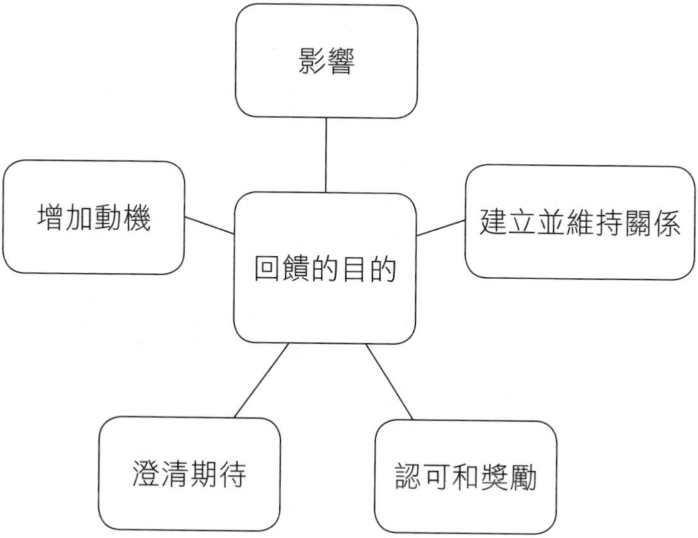

助他們達到做好工作的期望。

- 正向回饋力量強大——認可你同事的努力，讚賞他們，他們更有可能表現良好。具體來說：「太好了」和「做得好」總是受人喜愛的話，不過告訴同事「我只是想告訴你，我對你的工作方式有多讚賞……」或「你做得非常出色」，然後再特別指出出色的原因會更好，這表示特別良好的表現、有效的溝通或是一項技巧或專長的展現已經被「看見」。
- 利用回饋來說明期望，從而避免對表現好壞的猜測，如果你清楚說出希望什麼能得到讚賞、需要和重視，以及什麼不需要，那麼人們更可能滿足你的期望。若是提出質疑的回饋，告訴他們自己已經看到、聽到並且理解他們，那麼他們更有動力改變——你也願意在他們改變時提供支持。

回饋的角色和目的需要在工作關係的初始就建立，也就是新成員加入的時候，這可能就是我們曾在第七章曾經討論過的「合約」過程。

如何不做回饋

即使善意的回饋也可能出錯，我們來看看布萊爾對客戶簡報之後，布萊爾和他的經理凱西的對話：

↑雙方缺乏準備的情況會使回饋對話如何失控

布萊爾客戶簡報後的意見交流為什麼會惡化得這麼快？布萊爾簡報的方式和凱西的想像相差不遠，然而，隨著自我膨脹，每個人都試圖將對方拉進自己的思維模式裡，他們都遠離了欣賞和學習的機會，而這更可能讓溝通完全崩潰。在對話的最後，布萊爾很難獲得任何意見，也無法增加自我意識。

兩方過去是否曾對回饋和回饋的目的發展出共識呢？凱西是否將自己及客戶的期望清楚地告訴布萊爾，好讓他知道「做得好」是什麼樣子，他們才能對評論布萊爾工作品質的參考點有共識？

反思時間

在你開始閱讀後面的段落前，你或許可以想想自己在不同的角色上有什麼不同的做法⋯

有效提供回饋的流程

多數人知道「提供回饋」一詞暗示某種階層性，給予者位處比較有權力的位置，在一般的情況下準備提供回饋時（意即不是在學術的環境下），最好盡可能淡化階層感。

準備提供回饋

- 選擇正確的時間地點；最好的意圖也不能依靠走廊的五分鐘，或是在疲倦的一天過後匆匆交換想法。選擇一個不會被打擾的安靜地方，留下足夠的時間，不要有匆忙感，確認座位很舒服，而且要以公開對話的方式進行。
- 思考對話的脈絡，注意權力流動、文化影響（教育、性別、專業、國別、宗教⋯）的重要性，這些因素都會影響對話。在對話一開始，最好能公開討論這些話題。
- 釐清你們的目的：你們在對話結束後想達成的結果，思考一下你們希望如何理解內容，同時想想你希望在對話結束時，和對話的對象保持什麼關係。

- 思考你們要如何建立信任，讓人覺得可以暢所欲言。在對話前要怎麼建立信任，好讓他們接收回饋時不會感到焦慮或受到威脅（關係成立之初建立信任的建議請見第二章）。
- 善用你的情商：想想房間裡應該有什麼情緒，注意自己的假設、偏見和曲解、敏感問題和弱點。你要如何管理自己，才能處在當下，並重視同事的特質或表現？
- 考慮基於以下因素，要如何讓回饋對話更加有效：(a)通過一對一的觀察，你對團隊成員的了解(b)你對團隊成員自身風格和工作偏好的了解。你要如何考慮他們的偏好，以建立關係？（見第二章及第三章）
- 收集你們想討論的特定資料。
- 發展一套有邏輯、結構化的方法，以確保對話中涵蓋所有關鍵步驟，這也有助於維持對話的一致性，帶來節奏感和專注感。舉例來說，在專業上我們喜歡使用ＢＲＯＦＦ法，ＢＲＯＦＦ法包括行為（Behavior）、理由（Reasons）、結果（Outcome）、感覺（Feelings）和未來（Future），使用ＢＲＯＦＦ法的回饋對話範例請參考本章文末的連結。

•回饋絕不能淪為人身攻擊。

•思考如何將對話的重點放在未來，而非過去，畢竟，你無法改變過去，但你希望自己的回饋能改善未來。如果你想了解前饋的想法，請看本章最後的參考書目。

確保在準備時，將他們最大的利益放在心上，認真的放在心上。以某種方式陳述這一點，並以此開啟回饋對話，同時也要確保這場會議是雙向溝通。

三明治回饋法警告——小心處理！別說「不過」，改說「而且」，以增加信任和有效性…

即使出於良好的意圖，提供回饋時通常像個三明治：

•正向稱讚工作表現良好

•傳遞壞消息

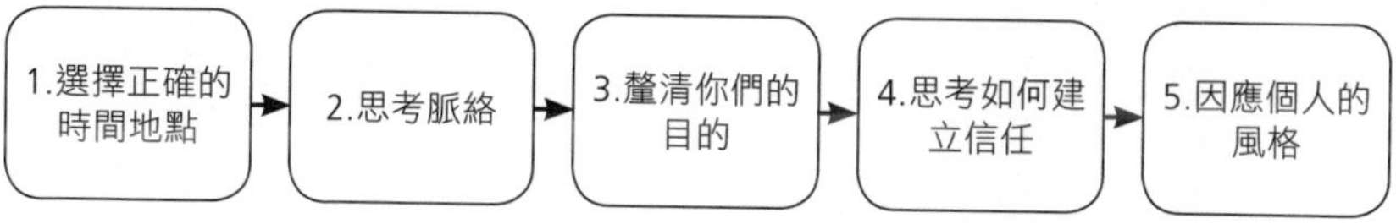

• 最後用正向的音調結束對話

然而，如果對話的開始是正向稱讚，多數人都會預期隨之而來的「可是」，不過收到這種回饋的人通常只會記得「可是」之後的話，注意力放在沒做好的事，或是仍需要改善的事。

你可以改變整段對話的語調，只要使用「而且」取代「可是」，一開始聽來會有點奇怪，堅持下去，你會注意到差異：

我真的很欣賞你開始簡報的方式，你真的能抓住客戶的注意力，而且下次我覺得你可以保持這麼高的活力……你覺得呢？

批評的話語

許多人對回饋感到不自在，尤其是他們需要因此注意表現不佳的問題。如果他們誤會了呢？這會不會毀了我們的工作關係？想防止人們將你的話當成破壞和無用的「批評」，積極和非評斷性的意圖是很重要的出發點。批評意指提出負面或評論性的訊息——那可不是好的回饋，你的目的應該是想幫助他人，對事不對人，著眼於未來，利用你的經驗幫助他人改進成長。

開始回饋對話

回饋對話應該要提供有關個人工作方式、表現、溝通方式及對團隊貢獻的結構性資訊，在對話過程中，你可以了解同事是否擁有知識和技巧，最重要的是，他是否有欲望做出有助於專業發展和能力的改變。

回饋是一個雙向的對話，你的目標可能是表揚過去的工作和／或找出需要改進的地方，但首先你必須建立信任和開放性。

重要的是，問幾個開放性問題讓對話繼續下去：

最近怎麼樣？

或是：

上次我們聊天後，情況怎麼樣了？

在這部分的對話中，要找到一個方法詢問同事對自己的進展或表現提出回饋——他們可能會說很多你本來打算告訴他們的話，這可以讓你的工作容易許多。仔細聆聽，重視他們說話的內容（意即不要開始思考你要提出什麼回饋）。如此一來，你或許會發現比原本知道的更多的訊息，並且／或者了解你們的想法是一樣的。

討論特殊的回饋點

最好的對話是聆聽多於訴說。讓對方有時間和機會思考及反省。完整利用你的「積極聆聽」技巧（見第六章）。

- 要具體——確認回饋是基於客觀事實及觀察。
- 力求清晰、中立和節制；避免概化，扭曲和缺失（請參閱第四章）。
- 不要人身攻擊，或是批評他們的「態度」——這是主觀評斷，只會讓他們心存防備。
- 採取非評判的立場；別論是非，或是試圖歸咎，人們覺得自己受到評判時，他們可能會關上心門，升起防備，所以要保持客觀和建設性，只說觀察，不加詮釋。
- 幫助個人了解自己的個性，了解他是什麼樣的人，若想幫助同事自己形成進步的想法，可以問以下幾個開放性問題：

☆你覺得「成功」是什麼樣的？

☆你下次要如何達到成功的目標？

☆你接下來想怎麼做，需要怎麼做？

☆想做到這一點，你可能需要什麼支持？

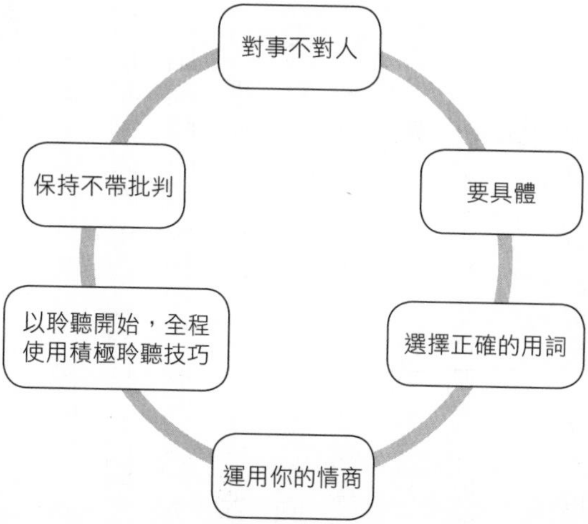
對事不對人
要具體
選擇正確的用詞
運用你的情商
以聆聽開始，全程使用積極聆聽技巧
保持不帶批判

計畫未來

現在你知道了讓對話的雙方得到最大益處的幾種方法，以下還有幾項一般原則：

- 確認你們在會議結束前，都同意同一套計畫、決定或選擇。
- 感謝其他人對這次會議的貢獻。
- 在會議結束兩天內寄出肯定文字的郵件，總結關鍵點、行動計畫以及約定的日期。
- 別讓對話或關係「冷場」——例如在需要時立即提供額外的支援，並且很快再次進行談話，無論正式或非正式。

管理期待

每六到十二個月進行一次回饋會議不一定會產生領悟或發生巨大的變化，回饋是周期的一部分，而不是一次性的交流——這個周期由輔導關係開始，接著是追蹤、加強、可行目標、改變及更多學習，這是持續專業發展計畫的一部分。盡可能經常練習提出回饋，包括良好的表現，或是需要改進的工作，你也可以讓團隊有機會練習接收回饋——而且記得，回饋對雙方都有影響，所以在給出回饋時也要想想接收回饋的方式。

現在你已經準備好將這些想法付諸實踐了，以下快速總結我們已經討論過的重點，這可以幫助你創造喜歡回饋，而且能積極利用回饋的效率型文化。

- 展示回饋如何能成為團隊一般活動的一部分——雙向面對面的對話能鼓勵不歸咎、不評判的學習，以造福個人和整個團隊。
- 計畫——想想你們透過回饋對話想達到什麼目標，並選擇合適的時間地點。
- 認可同事對團隊工作的貢獻和他們在其角色中展現的優點、特質、專業——要有具體性、描述性和客觀性。
- 注意力要集中在幫助他們做出改變行為、改善未來表現的決定——對話的最後要有追求進步的共識計畫。

要求回饋

在本章一開始我們說過，積極主動地尋求回饋很重要，無論是為了你自己或是整個團隊的專業誠信和效率。

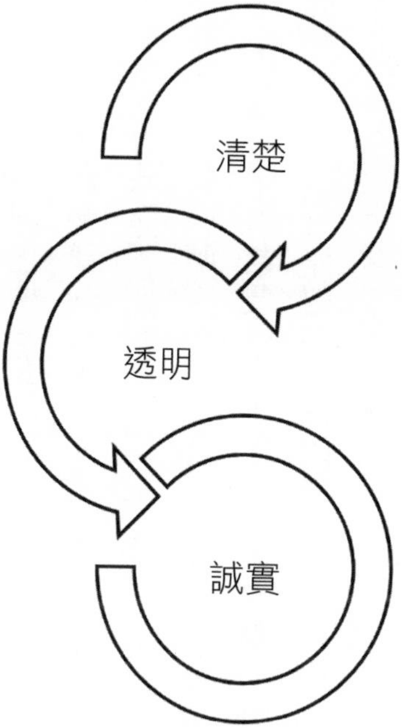

尋求回饋一開始可能很困難，但要清楚自己的期望，如果你想要的只是讚賞（也就是稱讚），那麼你得到預期之外的回饋時或許會感到驚訝。

清楚：要清楚自己想要什麼樣的回饋，如果必要的話，和給予者協調對話的範圍，用合理、簡潔的方式說明你的想法和感覺。

透明：坦承你為什麼想要回饋，以及你認為它對雙方能帶來什麼好處。

誠實：對自己和回饋給予者都要誠實，你或許不會聽到自己想聽到的，你的心裡可能不會很舒服，你也可能認為無法改變情況或做出改善，所以除非你得到所需的支持，不要過度承諾改變或改善。

計畫：如果你想聽到比較詳細的內容，而不只是自己是否在正確的軌道上這類快速指引，不要隨意向其他人提出你的要求，安排一場會議並做好事前準備——這方式就和你準備提出回饋一樣，想想你在回饋之後可能採取什麼措拖，你可能想尋求輔導、訓練或其他支持，找另一個人當你的「責任夥伴」，和你一起檢查進度和改進情況，可能會很有用。如果你對自己的專業發展盡力負責，你也能掌握自己的命運；他人會視你為渴望改進的人，你的工作經歷上也不會出現不好的紀錄。

想想自己過去對回饋的反應：在進行回饋對話之前，你有什麼想法和情感？你離開房間時有什麼感覺？你如何準備和集中心志，好讓自己能充分利用收到的回饋？

雙方的目標都在保持放鬆，可以專心主動地聆聽——即使你是接收者而非給予者，一樣可以影響這個過程。注意房間裡的情緒且加以管理（包含你的感覺），這表示兩個人都可以自由地接觸學習點和訊息，並將它發展成未來的行動要點。

以下提出幾項建議，可以讓你充分利用收到的回饋（如你所見，它們和給予回饋的最佳做法相同）：

- 聆聽（而不是忙著準備回應或防備）。
- 如果沒有聽清楚，或是想要確認自己是否理解正確，要求對方重複一次，請他們舉例。
- 除非有其他證明，要假設回饋是有建設性的，然後考慮並使用那些具建設性的要素。
- 回應前先停下來想想——如果必要的話，再安排一場會議，而不是立即回應。
- 以積極的態度接受回饋（考慮），而不是不屑一顧（自我保護）。

- 請求提出行為修正或改變方式的建議。
- 謝謝提供回饋的人。
- 將回饋視為像衣服般的禮物，它可能不適合你，你可能決定修改它，或是決定完全不穿它。

處理不準確或不好的回饋

如果你不同意回饋，你和給予者都可以專心找出已有共識的部分，如此便可以釐清並處理分歧點：

- 傾聽對方的聲音，恭敬地指出任何不正確的訊息。
- 確認對話內容裡正確的部分，並同意這些內容。
- 即使非常不喜歡某個觀察或觀點，也同意它是有可能的。
- 即使不同意對方的說法，也要承認對方的邏輯。

假設提出回饋的人是帶著積極的目的，即使它可能無法引起你的共鳴，他們或許盡力了，只是他們不會以最有效的方法傳達回饋，如果是這樣的話，為了從回饋中獲得最大收益，你可以向自己提出以下問題：

然後你便能忽略自己的反應及無用的「雜訊」，讓你可以自由充分地利用

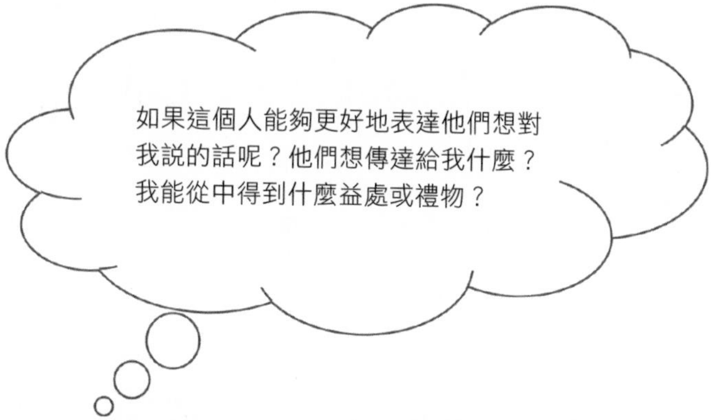
如果這個人能夠更好地表達他們想對
我說的話呢？他們想傳達給我什麼？
我能從中得到什麼益處或禮物？

這段對話。

結論

記得你的目標是幫助創造一套反省實踐的文化，人們在其中能誠實、公平地給予和接收回饋：

- 塑造正式和非正式對話中有效回饋的模樣——自己要求回饋，並積極接受它。
- 如果必要的話，尋求訓練或輔導，好學習在職涯發展中給予、接受、尋求回饋時必須的技巧。
- 幫助團隊成員將回饋納入團隊正常工作的一部分。
- 幫助團隊成員了解，回饋是學習的機會，也是需要重視及鼓勵的事。

• 最重要的是，安排時間進行回饋對話——你及你的團隊獲得的回報會超過你們的付出。

職場應用

a 從布萊爾及經理凱西的簡短交談中，你能從中得到什麼、利用什麼？

b 反省自己給予和接受回饋的經驗，現在是否有哪件事想採取不同的做法？

c 你是否曾經延後過回饋對話？對你、對同事、對團隊和對組織而言，無所作為會有什麼風險？如果你現在準備好進行對話，請開始計畫你接下來的步驟。

d 如何培養定期尋求回饋的習慣？

參考資料

◎Stone, D. and Heen, S., Thanks for the feedback – the science and art of receiving feedback well, Penguin, 2015

◎如果你想閱讀有關前饋和BROFF法的文章，可參考網站：www.learningcorporation.co.uk/Library

第十二章

我怎麼在做你能做的事？不招怨恨的分派工作

前言

對你而言，「分派工作」有什麼意義？你認為分派工作是專業發展的機會，還是憤怒及挫折的根源；是管理者逃避責任的跡象，或是代表他們對你及你能力的信任？如果你身負管理責任——不管有沒有正式的職銜——你是否擔心因為意圖被誤解，而要以這種方式交出權力？指派工作通常和優先順序及決策緊密相關，這種技巧需要練習，所以如果你還沒培養這個習慣，何不從現在就開始？

本章將說明以下幾種情境。

「我知道我的工作時間非常長，應該把工作分出去，我想我知道該怎麼做，我為什麼一直叫自己不這麼做呢？」

「我的主管認為她將工作分派給我了，但其實她只是向我說明工作內容裡的工作方法，她有很多機會將她自己的工作分派出去，我在這間組織得不到發展。」

「我害怕星期五，我敢保證主管會丟更多工作給我，告訴我必須在週五就完成，如果他們知道如何規劃時間，他們本可以提早一個禮拜告訴我。」

「我想分派工作給朱利安時，她總是將推三阻四，他有能力，也想要加薪！我不知道他是否覺得自己承擔太多風險？」

分派工作的定義是「賦予某人做自己的工作，或是代表自己行事的權力，同時保留最終完成任務的責任。」然而，我們如何詮釋「分派工作」這個詞、分派或被分派的過程，都要視身處的脈絡、涉及這件事的人、分派的理由、當時的處境和動機以及規劃過程的方式。

文化脈絡的影響

文化脈絡能影響分派的行為。在某些國家文化中，組織內只有在角色變化或晉升時，才會賦予額外的責任。另一方面，例如在西歐國家，接受指派的責任通常是晉升道路的一部分，一個人因此有機會獲得經驗，在得到另一個角色前證明你的能力。

組織文化也扮演重要的角色。

- 有些大型、傳統、有階層的組織傾向通過正式的季度規劃和目標設定會議委派重大的任務，個人對目標的表現都會被記錄下來。短時間內通知委派任務的情況，通常發生在專案團隊中，團隊成員可能被要求為團隊承擔額外的任務，這些工作量通常不會被記錄下來。
- 在小型組織較常發生臨時委派，工作一來就會分派出去。由於是非正式的，分派任務也不會記錄下來，個人的努力和貢獻都很容易被忽略。
- 在高表現團隊裡，如果某個團隊成員發現有工作需要完成就挺身而出，在未經要求的情況且角色責任模糊的情況下就承擔起工作，很容易讓人看到他們的高度團隊合作能力。

每個人都必須知道如何分派任務

當然，分派任務不是領導者或主管獨有的權利，如果團隊合作變得越來越複雜，團隊成員需要增加適應力和更多技能，團隊的平穩運作也需要團隊成員及團隊領導者了解彼此的特質及能力，以及如何在需要時利用這些特質和能力。了解同事的特質及能力永遠不嫌早，也要盡快釐清團隊的共同目標。

在第一章所說的任務／關係模式中也可以看到，隨著組織發展，人們可能需要花費更多的時間在建立關係上，執行任務的時間相對較少。他們發現，重新安排時間的主要方式便是透過練習分派工作的藝術——如果要和資歷較淺的人共事，我們建議你盡快學習熟練這項技能。

在日常情況下，你可能會發現自己成為這群菜鳥的領導者，只是因為你是當時唯一有空的人。我們在這一章將檢視分派過程中的各個階段，有效的分派如何能支持良好的工作關係、增加動機、為個人專業發展和提高團隊績效做出真正的貢獻。

分派工作的障礙

人們為什麼不分派工作？我輔導的客戶經常害怕可能發生的事，對照第九章所說的三項基本驅動力，此處提出一些合理的理由，看看以下的理由是否感覺眼熟？

驅動力A

- 我喜歡自己工作——那就是我的動力來源。
- 其他人做得不像我這麼好。
- 其他人沒有我的技巧或專業，無法做好工作。
- 事情會做好的——但不會是我想要的方式。

驅動力B

- 如果我給同事更多工作，我怕他們會不喜歡我。
- 我擔心工作沒做好，自己得彌補時可能會不開心。

驅動力C

- 我需要被看到或被注意到……所以我有沒有功勞很重要。

- 我喜歡認識組織外的決策者和有影響力的人。
- 如果這個人工作表現優良，或是成為主要的客戶聯絡人，我可能會失去在組織裡的地位。

一般理由

我沒有時間解釋任務——自己來比較容易也比較快。

行業裡的某些部門可能有其他理由——例如，律師事務所可能有績效管理系統，會基於他們向客戶收取的費用回饋給律師們，因此，個別律師會努力增加自己向客戶收取的時間費用，這個系統可能帶來不幸的後果，團隊成員無法充分發揮、動力不足，且好員工可能會離開組織。

分派過程：規劃要分派的內容

當任何沒有事先通知也沒有準備，就「出乎意料」地分派到工作時，經常會有種被「佔便宜」的感覺。所以，為了使效率最大化，請提前計畫，思考每年或每個月都會重複出現的工作，規劃自己的時間和責任，理想上最好每個禮拜都做，同時也要想想在未來二至四週必須完成的任務，幫助你分辨什麼任務必須分派出去。

花一些私人時間準備要分派的內容，決定要分派給誰，以及對那個人的潛在「好處」，然後和你想分派工作的人進行一場面對面的雙向討論。

有關選擇可以分派的工作，以及分派任務的計畫表，和創建良好結構結果的一些技巧，可見本章最後的連結了解進一步指導。

管理挫折

如果任務沒做好——或者完全沒做呢？

了解你選擇執行任務之人的技巧及優點，並且在一開始就協調「優秀」是什麼樣子，可以避免發生這種事。然

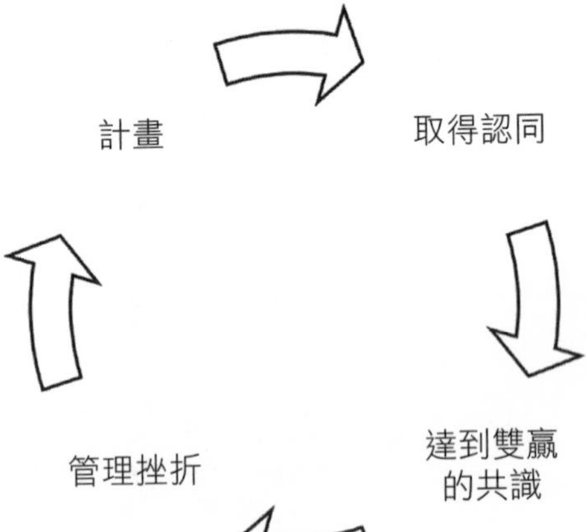

而，如果事情出錯了，你需要抗拒以下三種誘惑。

- 決定不再分派工作給那個人。
- 在他們工作時密切觀察及操控——「確保他們這次做對了」。
- 自己接手工作。

這些反應在短時間內或許都能解決問題——對你或對他們都是——但長時間只會減少信任、信心和動機。想想你一開始如何規劃任務——這個人可能需要什麼其他支持（例如鼓勵他們寫下已達成的協議，給他們機會時和你或其他同事一起檢查確認他們的工作方向正確，或是提升工作技能？）——然後討論出了什麼問題，好讓你們未來能建立新的工作方式。提供回饋的指導請見第十一章。

想想你對這名同事的了解：

- 他們通常無法拒絕額外任務和責任嗎？如果是，他們是否承擔太多了？
- 你是否公平的分派工作？你是否因為他們很熱心，通常會答應請求，就太過仰賴這個同事？如此一來，也許其他同事無法得到提升技能所需的機會。
- 他們是否覺得自己有機會拒絕你，或拒絕他人？

這名同事可能非常願意在團隊中付出，也很熱切地想要學習，如果你讓這些自我激勵的同事得到真正拒絕任務的機會，許多人將會振作起來，重新燃起決心和熱情。然而，這不必然表示他們可以依你想要的方式、在你要求的時程內完成任務，在這種情況下，回頭仔細討論，找出原因、方式和時間等因素，且討論的目標在於對成功完成任務的樣貌達成共識。

被指派工作的人不情願怎麼辦？

此時，管理期待很重要。組織裡每個階層都有例行工作，不可能每個人都能分配到最有趣或最有價值的「最佳選擇」。然而，所謂「例行工作」也很重要——文件未能影印好，說明負責這份工作的人缺乏專業素養——會為團隊或組織帶來較差的整體印象。為了確認分派工作的時機，你要解釋：(a)已完成的任務會如何融入大局，例如「這是我們在週四下午發給客戶的報告附錄A」，和(b)為什麼第一次就做對很重要。

追蹤工作時，在工作順利完成時表現出讚賞，提出讓你覺得滿意的特點。

即使你提供足夠的時間，他們還是明顯不願意接受任務，該怎麼辦？

以下提供幾個技巧：

- 細心聆聽那個人的理由，確認自己是否理解正確，然後提供任何額外的資訊及保證。
- 根據不同任務，可以適當地告訴那個人完成任務將有助於表明他們已經做好晉升的準備（但一定要是真誠的，不能是操縱性的）
- 如果你想找到激動人的方式，可以訴諸他們的主要驅動力，例如

☆驅動力A：「這是項挑戰／新任務，也是讓主管看見你能力的機會。」

☆驅動力B：「完成這個任務，你是幫我／幫團隊一個大忙。」

☆驅動力C：「這個任務讓你有機會認識X，或是代表我們部門。」

- 如果他們是「顧大局的人」，你可以解釋這個任務和組織使命或願景的關係，或是這任務符合更大的計畫。如果他們是「重視細節的人」，你可以將任務拆解成更小的任務分派，然後一步步解釋任務。
- 團隊裡的理論家或許需要更多背景資訊；實用主義者或許要用完成任務後對客戶或對組織的價值來說服他們。（你可以回頭檢視第三章，複習這些不同的偏好。）

- 你可以說出任務和個人工作角色的關聯，提醒他們這項任務是他們工作內容的一部分。
- 如果一切方法都失敗了，你或主管或許可以利用第十一章的指引，提供這個不情願的菜鳥一些回饋。

有不分派工作的案例嗎？

在某些情況下，根本不適合將任務委派給某些工作人員，例如：

- 截止期限近在眼前，你必須自己完成工作。
- 你考慮分派的任務會讓受分派者看到主管不希望洩露的機密資訊。
- 潛在的受分派者即將離開團隊，那麼將這個人介紹給客戶就是錯誤的作法，特別是員工的連續性對客戶很重要的情況下。
- 這名同事缺乏有效完成任務所需的技能或經驗，或是沒有時間接受訓練。
- 一項有趣的新任務剛剛出現，而你負責的複雜任務已經完成八成，最好由你完成剩餘的兩成，然後再指派新的工作。

身為指派者，指派工作能讓你：	身為被指派者，指派工作能讓你：	隨著時間，組織、客戶、利害關係人和伙伴們注意到：
減少你的工作量	體驗新類型的工作和／或新客戶	更低的員工流失率
改善工作與生活的平衡	享受更多挑戰與變化	更有才能的員工
重新安排你的時間	了解你的主管	後續規劃更容易
幫助員工發展	表現出你已準備好晉升	員工和客戶的員工間有更強的個人連結
讓員工充滿活力、有發展空間且快樂	認識新人	更強的客戶關係
接受更多的新工作挑戰	在新的地點工作	分佈式領導，協作工作和輔導文化
展現出協作式領導風格	留下讓人喜歡的印象	加速個人發展
增加你與員工的連結及影響力	感覺自己更做出更大的貢獻，且可以被信任	降低向客戶收取的綜合費用率
仍「被視為」負責人	用更廣闊的視野看待工作	減少資深員工的瓶頸，過荷和倦怠
分享成功	強化你對專業精神的理解	資深員工能花費更多時間在策略思考、商業發展及專業服務上。
建立成功的團隊	學習接受更大的個人責任	
假日更放鬆	更自發地工作	
有更多時間領導	學習更善用時間	
有更多時間進行策略思考	與其他技術專業合作	
打造你的輔導／訓練技巧		

計畫指派的好處——指派的原因

結論

分派工作有這麼多好處，人們卻很少嘗試它，甚至完全避免，這實在讓人意外！我們希望這一章能讓你有信心、也有方法加強你分派工作的技巧，練習這些技巧可以幫助你善用時間，讓你能專注在需要經驗和專業的任務上。它也可以加強團隊合作，提供同事寶貴的個人及專業發展機會。

我們過去大多將工作分派給資歷較少的團隊成員，你也可以橫向分派，請同伴提供協助，如果你和資深員工關係良好，你又深諳奉承恭維的藝術，你也可以將工作分派給上層人員！

人們的動力來自有趣的工作、工作滿意度、挑戰，和增加的責任與認可，這些都是滿足人們對成長、個人發展和成就等深刻需求的內在因素（更多有關工作動機的訊息請見第九章）。有效的分派工作在提高員工積極性，從而提高團隊表現方面具有舉足輕重的作用，此外，在現今多變、高壓、緊張的工作環境中，有技巧且有目的的分派工作可以保護團隊成員或整個團隊的長期健康和福利，進而支持工作可以持續下去。

職場應用

a 回想自己的經驗和反應，想想被分派工作時感到滿意、有回報且有動力時，是什麼情況？為什麼會這樣？

b 讀完這一章後，你做這些事的方式有什麼改變？

分派工作？

激勵自己和他人？

c 想了解「選擇分派的主題，進行分派工作的對話」，請上 www.learningcorporation.co.uk/Library

參考資料

◎Cooper, Clay M., Delegation: the key to leadership, CreateSpace Independent Publishing Platform, 2015

◎Stitt, Dave, Deep and deliberate delegation: a new art for unleashing talent and winning back time, 21CPL Productions, 2018

◎Wenger, Shelley, Delegation bundle, CreateSpace Independent Publishing Platform, 2018

·第三部分·

成功克服特殊情況

第十三章

有人在嗎？居家工作或在虛擬團隊中工作

前言

虛擬辦公室或分散的辦公室已經成為普遍的現象，而且有許多種形式，以下有符合你的情況嗎？如果有，那麼這章便很適合你。

本章希望和你分享許多實用的技巧，同時也要盡量讓這一章簡短一些。

範例	適用（請打勾）
每週有一天以上在家工作。	
每天都在家工作，偶爾才去辦公室。	
現在或未來會有幾個月派駐到客戶那裡。	
我們都在不同地方工作，可能同一國家或不同國家，甚至不同時區。	
我在複合環境中工作。（「複合」是指你可能在漢堡上班，你的直屬主管在法蘭克福，你有兩成的工作時間和虛擬專案團隊合作，而你的專案經理又在印度邦加羅爾上班。）	
我和虛擬團隊或分散工作的團隊合作，覺得和工作上的朋友及組織都很疏離。	

虛擬團隊的好處

虛擬團隊之所以對組織有吸引力，特別是在人才匱乏的行業，有幾個原因。舉例來說：

- 讓組織能利用範圍更大的人才庫。
- 幫助留住好員工，特別是更需要在家工作的人，例如要照顧年邁雙親的員工。
- 如果潛在的專業人士住在其他國家，可以增加人才庫的多樣性。
- 對於那些因通勤時間和成本而拒絕加入組織的人而言，這是一種有吸引力的招聘策略。
- 讓員工的工時可以更具彈性，工作與生活達到更好的平衡，且可以在更平靜的環境下專心工作。
- 讓某些服務業在全國性罷工或疫病大流行期間能繼續營運。
- 對需要二十四小時工作的組織至關重要，這種全天營運的組織可能是因為有些員工在歐洲，其他員工則在完全不同的時區，例如亞太地區。
- 幫助組織合理利用辦公室空間及其費用。

成為虛擬團隊的一員可能帶來挑戰，例如：

- 團隊成員會感到孤獨、「疏離」、被忽略、被遺忘或是無法和團隊成員進行定期的社交互動；這種脫節感可能降低生產力，或是讓員工離開組織。
- 比起成員在同一棟大樓坐在彼此身旁的傳統團隊，虛擬團隊成員更需要經常溝通，但成員可能沒意識到這一點。
- 因為需要對兩個以上的「老闆」報告，而覺得無所適從。
- 經常被要求在非社交時間內參加電話會議。
- 發現很難相信其他團隊成員，因為你們沒見過面，你無處對他們建立信任，也不了解他的工作品質。
- 主管不知道如何經營虛擬團隊，不知道需要不同的思維、新的技巧、行為和團隊管理。
- 無法在需要快速決策時聯繫上同事。
- 他人期望自己在私人時間仍讀取並回覆郵件。
- 因上述問題而承受焦慮、壓力及心理健康等問題。

建立成功的虛擬團隊

準備第一次會議

如果你被要求加入或領導新的虛擬（專案）團隊，我們鼓勵你請所有團隊成員親自出席參加第一次「啟動」會議。（此時有機會運用第八章分享的影響技巧。）

上述虛擬工作的挑戰應該足以成為召開啟動會議的基礎，大部分會議時間應該用在了解彼此，建立關係和信任，並了解每個人對成為團隊成員的期望和擔憂。

討論的主題應包括：

- 團隊組建的原因，以及團隊的運作是否符合組織的整體使命、願景及商業策略。
- 要求團隊實現什麼目標；這應該涵蓋打造共識，了解成功、完整的專案是什麼樣子，包括清楚、可測量的結果。
- 每個人被選擇的理由，以及每個人的角色。
- 有些活動會幫助團隊成員了解彼此，以建立關係和信任，分享他們偏好的工作方式。

- 你們要如何共事，包括商議團隊的核心價值及行為，你們溝通和資訊共享的過程，以及團隊如何進行決策。
- 為何頻繁的溝通是團隊成功的關鍵。

在這場第一次面對面會議後，後續的會議可以是網路會議，但可能的時候還是可以舉辦見面的會議。

商定團隊計畫

我們認為有助於完成團隊成形階段的工具是「團隊計畫」，這個計畫和第七章所提的相同。

想完成這個計畫，需要兩次以上的會議，管理者應拒絕自己完成計畫的強大誘惑，如果成員從一開始就適當地參與其中，完成的機率會更高。

溝通的挑戰

團隊成員若都不同的地方辦公，彼此有效溝通便成了挑戰。電子郵件是一種快速下達任務的方法，但在許多情況中，電子郵件可能無法發揮成效，甚至可能造成危害。

一週裡有多少次你寄出郵件或發出訊息後就開始擔心：

- 收件人有收到信嗎？
- 他們有正確解讀嗎？
- 他們是否明白我想說的事？
- 他們會對我的郵件有什麼反應？（你看不到他們的肢體語言。）我的語氣會不會冒犯他們？
- 他們會回應我的郵件，至少回個信嗎？

若是打電話，你不只能感受到遣詞用字，也可以聽見音調、語氣、聲量等聲音中各種變化（音樂）。你有更多的線索判斷同事的程度，例如同意度、熱心度、活力或擔憂。

利用溝通及資訊分享平台

可以見面會更好。虛擬團隊工作若能使用新科技將大有助益，你可以和想溝通的同事分享資料，也能看見他們。有些系統能叫出會議中討論的文件，同時也可以看到參與會議的同事們。

你的組織可能已經使用訂製的系統或使用Zoom、Slack、微軟Teams、Skype或Google Hangout等通訊會議軟體，然而，有些平台在某些國家不能使用，例如，我們不能使用Skype訓練在阿曼、阿聯酋或中國上班的專員。

在我們看來，最好使用已經證明可靠且安全的通訊及資料分享平台，而不是那些最新科技。

建立成功的溝通

首先要達成共識的是你們如何彼此溝通。我們鼓勵你們發展一套協議，包括：

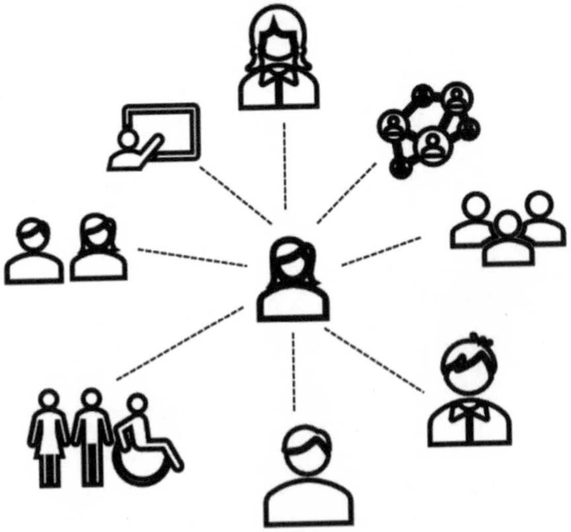

↑分散團隊或虛擬團隊的溝通

主題	協議中包含的想法
溝通方法的選擇	溝通的類型，例如電子郵件、電話、視訊電話、面對面會議等，並舉例說明每種類型的使用時機。
視訊電話的好習慣	如果聽者超過一人，且他們無法透過螢幕看到你，則每次說話時先報姓名。
	認真聽講，讓人們說完自己想說的話，不要插話或以其他方式打斷他們。
通話的頻率及時機	協議全隊電話會議的頻率，如果成員在不同時區工作，則每次會議的開始時間都要在不同時候，以免同一個人總得在早上三點就起床。
文化考量	有些團隊成員或許想在通話前先收到文件閱讀，因為這符合他們的學習模式，或是因為英文不是他們的第一語言。在全球團隊中，很有可能採用英文作為商務語言，以英語為母語的人必須記得使用通俗易懂的話，且說話要清楚。即使和另一個英語系的國家的同事講話時，也必須弄清楚另一個人說「一壘」或「緊急」等詞的意義，因為一個詞或一個句字在不同國家經常有不同的意思。
可及性	記住，團隊人員若在客戶的場所或某個偏遠地點工作時，可能無法接收電子郵件或接電話。
分派工作時要清楚	分派工作給在遠處工作的同事時要避免誤解，請他們寫下完成任務的步驟以做確認，並在工作開始前檢視和協定這些步驟。
會議或通話的筆記型式	如果只有幾個成員通話討論特定議題，或是某個成員和客戶對話，其他成員也會想要更新資訊。摘要這些對話，將會議完整筆記放到組織內部網路，再提供成員筆記連結。

鼓勵成功的虛擬關係

發展信任並認可多樣性

團隊成員無法從辦公室走廊、茶水間或午餐的隨意交談中受益，你必須彌補這個事實。在你們虛擬「見面」時：

- 安排時間進行社交聊天，特別是有成員從未見過面時。那些善於交際的成員馬上會知道這麼做的必要性，而那些專注於任務的人，或許需要學習「閒聊」的重要性和耐性。
- 如果某些成員認為在虛擬會議時很難保持專注，一個直接的補救方法是讓業務部分的討論集中且簡短。
- 定期舉辦回饋活動（見第十一章），討論事情的發展，不只是任務，還有人際關係的品質。

管理衝突

任何團隊工作都可能發展出彼此抱怨的習慣，無論是在會議中或會議後，這可能是因為文化差異，例如不同文化對「準時」的解讀不同，也可能因為不同的工作風格。還有可能出現一種危險，成員可能因為害怕讓同事不愉快，而迴避彼此的分歧，然後可能因此出現「小群體思考」，導致決策不力。這種危險在虛擬團隊工作時更加突出，重要的是找到方法鼓勵成員「說出來」，表達他們的意見。

如果成員間的衝突逐漸加劇，應該能找到跡象，第十四章將說明避免和解決衝突的幾個實用技巧。

保護包含版權在內的智慧財產權

相較於傳統團隊裡，虛擬環境更難保護版權或其他形式的智慧財產權。舉例來說，團隊成員可能被借調到客戶的場所，並參與客戶開發產品、系統或服務，成員很可能利用在公司得到的經驗，不小心就分享了公司的版權資料或其他珍貴的智財。專案結束時，你的公司可能面臨誰擁有這個共同開發的產品、系統或服務智財權的問題。

因此，成員借調到外部客戶時，管理者需要確保對智財和其他機密資訊的使用，建立清楚且詳細的準則，並且和客戶簽訂書面協議。

維持動力

相遇只是開始；共處才有進展；共同努力就是成功。

（亨利・福特）

和其他類型的團隊一樣，虛擬團隊在組建階段通常會充滿熱情和善意，但它還要面對一項特別的挑戰，失去動力的風險比傳統團隊高。例如在不同地點工作的管理者會較難確認工作的進展和品質，不只是難以進行監督控管，管理者無法進行像面對面接觸那樣，進行快速、非正式的對話，而這種對話有助於專注、鼓勵、支持和刺激動力。

以下是維持動力的幾個實用技巧：

拆解截止日期	將主要的任務及結果分解成可管理的小工作，並協調每個小工作的截止日期。在議定的期限內，將某些任務分派給小組或個人管理，從而創造專案所有權和領導權的共享文化。（在大型虛擬團隊中尤其重要）
視覺化的進度表	分派任務給團隊成員，用甘特圖記錄他們的進度，如此所有成員才能看到自己及他人的計畫進度。
每週檢討	每週舉辦簡短的檢討，每個人分享他們的進度、考量、目前的進展及未來一週的主要任務及挑戰。
早期預警	儘早公開解決任何問題，並就如何解決問題分享想法。
彼此支持	意識到在複合環境中每個人將承擔其他責任和季節性壓力，因此團隊成員應該願意在最忙碌的時候保持靈活，以分擔工作。
保持愉快	試著讓虛擬工作盡可能保持愉悅，以增加連結，例如定期的團隊會議中用部分時間聊聊個人近況、社會議題，並且在共享工作空間裡使用社交網絡平台。
保持聯繫	確認每個人技術進展和挑戰時，也要確認每個人的健康狀況，鼓勵所有成員一對一地保持聯繫。一般說來，這是由團隊管理者發起，但可以鼓勵所有成員這樣維持關係。
向最優秀的人學習	閱讀有關虛擬團隊的文章和書籍，和其他行業的虛擬團隊交流，了解他們如何克服「社交距離」，並且達到高績效表現。

結論

虛擬團隊工作已經很普遍，它的方式也越來越多。伴隨未來科技的發展，「口袋裡的辦公室」將為團隊成員提供必要的協助，但技術本身並非虛擬工作挑戰的解答，最重要的是讓人參與其中。在本章及其他章節提供的許多技巧支持下，建立融洽的關係、可信度、信任和細心聆聽的溝通仍然至關重要。

職場應用

a 從本章及之前的章節中，你學到什麼能幫助你的虛擬團隊更有效率？例如：

- 克服與團隊隔絕的感覺
- 改善溝通的品質
- 防止版權損失？

b 你如何和團隊或團隊領導者分享本書的技巧？

參考資料

◎Hall, K., Making the matrix work: how matrix managers engage people and cut through complexity, Nicholas Brealey International, 2013

◎Leading virtual teams, HBR 20-Minute Manager Series, Harvard Business School Press, 2016

◎Shawbell, D., Back to human: how great leaders create connections in an age of isolation, Piatkus, 2018

第十四章
噢！不妙！處理困難的人際關係

前言

你是否發現自己身陷以下的困難關係中？

「每次我（麥克）接電話，看到是致遠打給我，就開始發抖。」

「我和我的直屬主管處不來，每次我想和他說話時，他看來總是心事重重，而且對我疾言厲色，所以我只好保持低調，離他遠遠的。」

「令我生氣的是，X在管理會議上總能得逞，我們大家似乎都受控於她的情緒勒索，而且似乎沒人知道如何制止她。」

「那評論太直接，也非常的粗魯！到底是從哪裡來的？」

反思時間

想想在工作上難相處的人……不管是什麼理由，閱讀這一章的時候想著他們……

當你收到無禮的評論或過於挑剔的同事的直接回饋時，你會怎麼做？你認為困難的人際關係會降低你的活力，破壞你的工作樂趣，並影響你的整體健康。

面對職場或家庭中令人不滿意的關係時，你或許會因此懷疑是否因為關係不融洽或是缺乏信任，還是因為溝通破裂，才會讓關係出現問題。或許你們的溝通頻道不對等，或是你說的話對他人產生意想不到的影響？也有可能你不願意幫助那個人的心態（儘管沒表現出來）以某種方式「滲入」這段關係。另外，關係中的權力不平衡或許也會危及簡單的溝通。這一章提供許多實用的技巧，告訴你如何改善具挑戰性的人際關係，如此你便能重回正軌，享受工作並建立有效的關係。

我們本來可以寫一整本關於如何處理困難人際關係的書——確實，我們有可能會寫一本！我們在基礎章節（第一至第六章）的基礎原則將成為你在處理困難關係的奠腳石，在前幾章分享的技巧，例如絕佳的聆聽技巧和適當給予回饋，都能幫助你處理困難的人際關係。

管理困難的關係必須分為四個階段（如下圖）：

了解自己

有句最有趣且最具挑戰性的名言：「你自己和他人的距離，等同你自己和自己的距離。」（理查德．莫斯，Richard Moss）。

承擔個人責任

想像你正向同事抱怨另一個人，你的手臂向

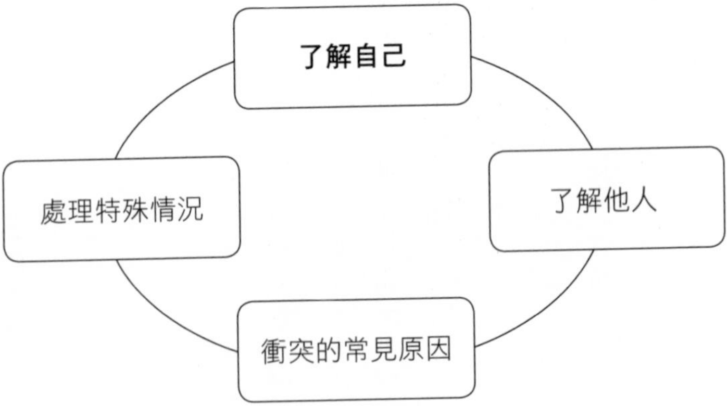

前伸展，手指著導致問題的那個人。現在請注意，雖然你一根手指朝向他人，卻有三根手指朝向自己，這三根手指就好像在說，改善關係是你的責任。你不能以為自己可以改變他人，唯一能改變的只有你自己。因此你有責任，你也有力量，採取行動做出改善。

刺激與回應

我們回到本章一開始麥克說的話，致遠打了電話（刺激），麥克立刻自動做出反應（回應），就像機器人一樣，然而，如果麥克在刺激和反應之間停頓一會兒（例如五秒以上）呢？他就有時間選擇回應的方式，有時間選擇他的情緒狀態及回應的話語。如第四章所說，在任何情況下，麥克的回應都有兩種以上的選擇。你認為在這個情況下，麥克有幾種選擇？五種？十種？

如果你身處一段不良的關係中，造成阻礙的因素是什麼？或許是你因他們而造成的習慣性反應行為，尤其是在諸事不順時。例如：

- 驕傲
- 嫉妒
- 渴望權力或控制

• 恐懼
• 憤怒
• 其他？

反思時間

想想自己某段不良的人際關係，上述所說的情緒（或其他不同的情緒）有哪一項會影響你對同事的回應？要抱持好奇心，不要評判自己，只要注意自己和他們互動時的情況……

重新思考自己的心態

如第四章所說，我們之所以與眾不同是因為我們有自己的思維模式，隨著時間推移而學習和鞏固，這會影響我們對自己能力、管理者、市場競爭性和「難相處的人」的看法。我們多數的心態都是最新且有效的，然而，一、兩個心態可能不完整，或是過時，或是完全不正確的。

如果麥克一直用同一種心態應對致遠，並採取同樣的行為，意即想到就發抖，他不會有新的收穫，也就是他會一直覺得自己被踐踏。麥克可以採取的行為是重新思考他對致遠的心態。

反思時間

你如何描述對「難相處」共事者的心態？你做過什麼嘗試，怎麼改變你的心態和行為，直到你注意到他人的行為有正面的改變？

在第六章，我們談過在建立和同事的連結時，聆聽同事說話的重要性。在困難關係中，最好的嘗試很簡單，只要全心全意地關心他們，聆聽他們的聲音。如甘地所說：「人類靈魂最大的需求是被理解。」你的注意力或許能使情況緩和下來，如此便無須採取進一步的措施，你也會發現，越是聆聽同事說話，他們的行為就越合理。

以下是NLP（神經語言程式學）有關卓越研究及模仿的一些想法，它們可以幫助你改變對難相處的人的心態：

- 以較不具威脅性的方式看待「難相處的人」，可以改變你對他們的觀點。例如，想像你在電視螢幕上看著這位「難相處的人」，你神奇的搖控器讓你可以調整他的聲音，變成靜音，或是變成有趣的吱吱聲，你可以調成黑白畫面，你也可以繼續想像，讓那個人變小，縮小畫面到它只變成一個無害的郵票大小，放到螢幕的右下角裡。
- 另外，你可以把那個人看成可愛的無尾熊或小貓，下次再看到這個「難相處的人」，就可以用這個想像代替他們，雖然那個人沒有變化，你看著他或聽他說話時就不那麼害怕，如此也能更有效地管理你的情緒。
- 有個力量強大的NLP技巧可以幫助你找到處理這種情況的可能選擇，稱為「感知定位」的基礎練習。這是一種建模形式，可讓你站在別人的觀點上，看到他們所看到的，聽到他們所聽到的，感覺到他們的感受。

本章最後將提供這項工具完整解釋的連結。

注意自己溝通的方式

你希望人們如何與你溝通？在追求效率的過程中，很容易造成誤解，即使一語不發，也會送出某種訊息——在這種情況下，他人能隨意詮釋一段訊息，無論是否正確。舉例來說，同事在走廊和你擦肩而過，沒和你打招呼，或是在會議中和你們說話時漠然地看著你，都可能會傳達影響你們關係的訊息。

反思時間

想想他人給予回饋卻讓你氣惱或感覺受傷的情況，反省發生的事，問問自己，你同事的人際關係技巧是否更好，他們要怎麼說話或書寫，才能讓你接受？

現在回過頭來想一想，他人如何詮釋你溝通的方式。或許你匆忙完成一封電子郵件，卻冒犯了收件人；這可能代表他們不了解你在說什麼，也可能只是他們厭煩了可以輕鬆面對面交談時，卻要收發電子郵件⋯⋯你要如何找到答案？

遇到困難情況的急救措施

所有人遇到某些情況都會緊張，你可能會想使用NLP的一些技巧，幫助你在遇到「難相處的人」或可能造成壓力的情況（例如要演講時），可以保持頭腦清醒：

- 學習崇拜的人的行為。問問自己，「誰和這個人相處得很好？他們怎麼做的？」或者「我的偶像們遇到這種情況會怎麼做？」然後你可以加以選擇，採用其中一種偶像的行為。
- 練習正向的情緒定錨。這個技巧有助於將情緒固定於適合你的狀態，而不是在你與這個「難相處的人」見面時的不良情緒。這項方法的詳細解釋請上：www.nlpu.com/encyclopedia，搜尋標題「定錨」（anchoring）。

NLP高階執行師應該能夠教你積極的情緒定錨，或如何創建假想的防護罩，或說是「第二層皮膚」，以幫助你在感覺自己可能受到攻擊時，創造靈活多變的思維。

記得，每種情況都是學習和專業發展的機會。

反思時間

看看上述的技巧，哪一項可能有助於改善你的人際關係？

了解他人

在考慮使用上述技巧幫助你感覺更靈活之後，你可以花些時間了解其他人喜歡的行為方式。越能思考他人如何觀看這個處境或主題，你的對話越成功：

- 你對偏好的溝通方式有什麼了解，更重要的是，他們想要如何溝通？舉例來說，你可能偏好使用訴諸願景和大局來表達你的想法和感受，但你也注意到其他人偏好以具體的行動，例如「具體的範例」、「基礎」或「掌握」，結合詳盡的分步驟討論。使用他們偏好的語言，轉換到他們的頻道。
- 準備改變對話的層級，好和同事在同一基礎上。如果其他人提到組織的使命、願景和價值，這屬於「高層次」，你或許需要

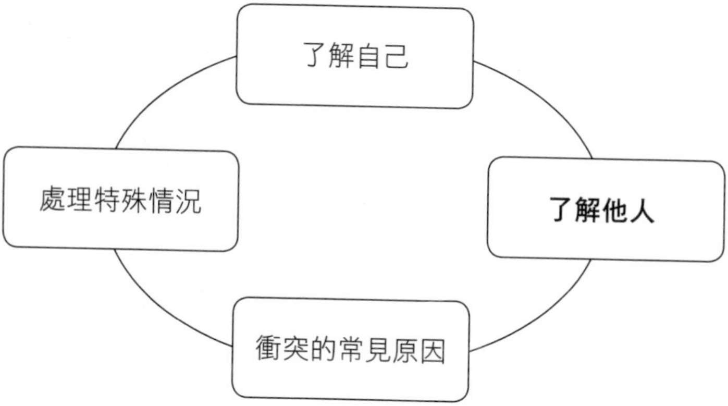

「向上調整」，在他們的層次對話，然後再引入自己的主題。另外，如果另一個人正討論如技巧、行為、設備或金錢的細節，你可能需要「向下調整」，如此一來，意識到自己想討論的內容，將它放在一邊，找到共同的基礎，先和同事們對話。

- 深思你是否對他人或情況做出錯誤的假設，如果你懷疑發生了這種事，就要花時間找出真實的情況。或者他們可能正在歸納總結，在這種情形下，請他們提供一兩個特定實例，這樣你就可以確定他們正在說什麼。

解決問題，不要抱怨。

（日本諺語）

困難會議的急救措施

對事不對人，將問題抽離出來，然後一起找出解答。

- 聚焦於任務的需求，而非人的需求，問問那個人：「現在那個任務或那個客戶想要我們怎麼做？」
- 對那個人抱持同理心，你不知道他們的人生發生過什麼事，不良的行為通常只是深刻傷口的表現。

- 問那個人，「你對我們的工作關係有什麼感覺？」如果可以，再問他，「我們要怎麼做才能讓關係更好？」
- 如果那個人還是一直惹怒你，不要上勾，依舊保持尊敬及禮貌，記得聚焦於需要被完成的事情上。

其他常見的衝突導因

如果你和另一個人即將發生衝突，理解可能的導因能幫助你處理這些理由，也可能幫助你避免衝突，或是減少衝突。雖然並非完整的清單，但在我們的經驗中，衝突的源由可能有以下幾項：

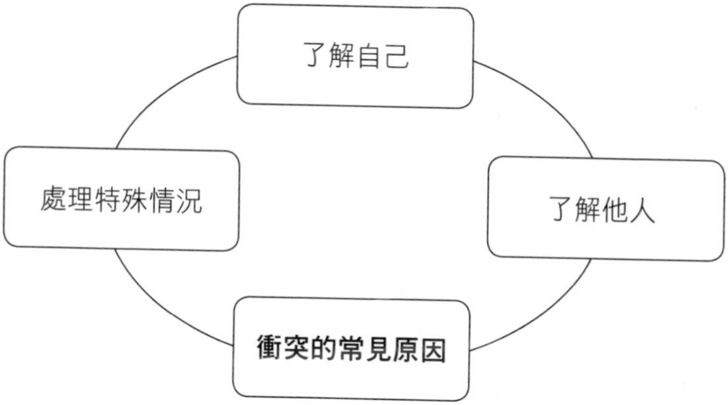

- 不同的價值觀

☆你的某項個人價值觀與其他人的價值觀衝突，例如，「公平」對你的價值觀而言很重要，但對其他人來說可能微不足道。

- 不同的期望

☆品質、狀態、工作分配或截止日期的期望不同。

- 決策

☆做出決策後，受決策直接影響的同事反映沒有先諮詢過他們，或是他們認為決定得太過倉促，這種情況也可能導致衝突。

- 假設

☆例如責任和承諾的假設，像是「我以為你會聯絡客戶，但你沒有。」

- 不同的強烈偏好

☆如我們在第三章讀到的，人們在工作中有不同的偏好，舉例來說，某個人可能是以任務為中心的活躍分子，另一個人可能非常注重反省且以人為本，或是某個人在決策前非常需要得到更多資訊，另一個人可能非常依賴直覺，即使資料少一些也沒關係。

- 知識及專業

☆例如分派工作的能力或意願，或是同事太過高傲，不願承認自己不知道如何執行計畫，然後將事情弄得一團混亂。

• 目標

☆目標不恰當、表達不明確或不斷變化，也可能導致衝突，或許你和你的同事計畫的時程和目標都不一樣。

• 角色

☆沒有說清楚誰做什麼，或是某個人插手別人的事而開始得罪另一個人，或是被分配到應該分給更資淺的人做的事，都是常見的問題。

• 過度使用優點

☆我們在第十章已經提過，過度使用優點可能會危害關係，例如過度的自信肯定可能會越線成為傲慢。

• 壓力

☆有些人能在壓力下茁壯成長，其他人對壓力的耐受度較低，在持續的壓力下可能導致疲倦、緊迫、煩躁、暴躁、犯錯，這些情況都可能導致衝突。

•「風暴階段」

☆根據布魯斯．圖克曼（Bruce Tuckman）[29]所說，團隊或隊伍（或委員會）會經過五個截然不同的的階段。簡單地說，第二階段是「風暴」，你的團隊建立可能已經過了一段時間，然而團隊的衝突代表團隊仍處於風暴階段，或是落入這個階段。引起不安，沮喪和衝突的原因可能是未達到期望，角色不明確，感覺同事不是團隊的重要或有用的成員，工作未平均分配或新成員加入團隊後質疑之前做出的一些重要決定。

衝突常見原因的急救措施

上述幾種原因，都可以在一開始的規劃會議中提出公開討論，進而處理這些原因。如果你只是想馬上開始工作，這會花費額外的時間，但它可以預防接下來會發生的所有問題，關鍵詞彙、核心價值觀和期望的含義都可以事先釐清，困難發生時（它們會發生）你可以回到你們的共識，而不是對彼此生氣。

如果專案進行到一半，這些衝突已經發生，與其一個個解決衝突，建議你們暫停下來，為你們的良好關係建立工作共識。

要記得，有些衝突對組織而言，也可以是具創造性且有益的。對想法或過程有歧異而產生的衝突可以是正向的，特別是雙方存在信任時。他們可以因此擺脫二元思維，轉向思考其中的隱喻，並開始找出第三、第四或更多的替代方式（如我們在第四章所述）。

反思時間

你注意到團隊裡的衝突嗎？如果有，上述哪項原因最符合你的情況，你會如何改善團隊裡的工作關係？

29 Donald Egolf, Forming storming norming performing: successful communication in groups and teams, 3rd edition, iUniverse, 2013.

處理特殊情況

在我們的工作坊及輔導會談中，有兩種情況最常被提及：

- 難相處的主管
- 表現不良的員工

以下有幾個訣竅，能補充本章及前幾章提供的技巧。

難相處的主管

- 以主管的角色，盡力了解你的主管。問自己這些問題：我的主管在想什麼？我的主管為何徹夜不眠？主管期望達到什麼目標？主管正承受什麼壓力？主管有什麼動機？
- 你和主管在一起時，可以討論與他們的

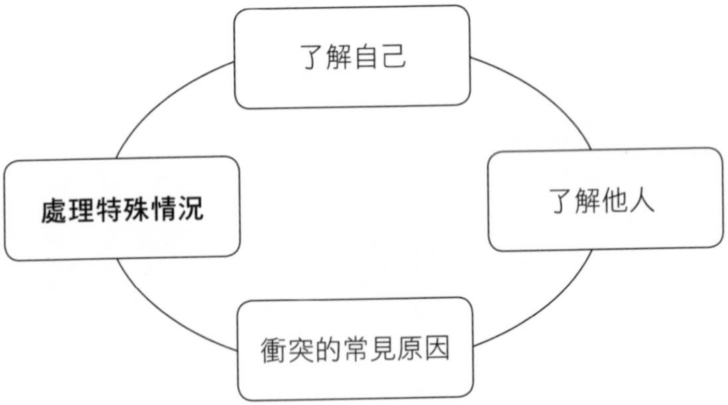

角色直接相關的主題（而不是你的角色），例如有關策略、績效管理，商業發展，有關行業的新發展，或是有關客戶的話題。

- 你的主管指派任務給你的時候，你必須知道為什麼需要執行這個任務，以及它與主管規劃的大局有什麼關係。如果主管喜歡細節，精確地找出你需要做的事，釐清以他們的標準而言，成功完成工作是什麼樣子，而不是以你的標準，如此你的期望才能符合主管的期望。
- 協議你知道自己可以輕鬆達成的截止期限，這為你保留了一些突發事件的空間，也有機會在期限前便完成任務。
- 你可能已經知道一句俗語：「別帶著問題來找我，帶著答案來。」所以，如果有問題，不要丟給你的主管，仔細思考問題，和主管討論，至少提出一種建議的答案，並提出要協助解決這個問題。
- 和同事討論老闆會認可的事，如果同事和老闆的關係好，可以問問他改善與老闆關係的訣竅。
- 如果主管讓你不悅，你想給他們一些回饋，先從「我」開始，而非「你」。舉例來說，「我認為你今天早上在管理會議對我說的話很不公平。」如此你可以清楚表明主管的行為對你的影響，而不是說「你不公平」，這種說法可能被認為是對主管個性的評斷，進而危害你們已經令人不滿的關係。

- 你是否曾聽過一個神祕的廣播電台「WII-FM（對我有什麼好處電台）」？有時候，你可以在完成的任務中，為你的主管建立一個WII-FM，例如，認可他們做出的貢獻，或是主管讓你有機會見一個重要的潛在客戶。
- 細心準備和主管的會議，從進入房間的那一刻起，就要保持友善、自信的行為。如同菲利斯・狄勒（Phyllis Diller）所說：「笑容是條能撫平一切的曲線。」

表現不良的員工

雖然持續性的表現不佳通常由直屬主管處理，但如果這些員工在你的專案團隊裡中，你也可能需要處理這些表現不良者。以下提供幾個技巧：

- 在初期就找出表現不良的員工，以免他影響團隊士氣。
- 試著理解潛藏的理由。如果他是組織的新人，不要假設這是招錯了人，我們記得有位資深經理加入組織，幾週後他顯然陷入了困境，有些人開始抱怨組織招錯了人，然而，我們和他談過之後發現，他正受偏頭痛所苦，不是因為他認為工作很有壓力，而是他不知道辦公室的日光燈會發射出奶油黃光，照在他工作的紙張上，引起他的頭痛。更換日光燈管後，他的表現大有改善。

- 如果員工曾經表現優異，問他們是什麼導致了表現下滑，並討論回復表現的方法。
- 分派工作的時候，要格外小心確認你們倆個對完美達成任務的理解相同，也完全明白任務的期限，明白未適當或未如期完成這份工作的意義。
- 將為期較久的工作分解成可管理的小階段，審視每個階段後再讓同事開始下一階段。
- 認可另一個人的進步，即使你認為這些進步很細微，但對努力提高競爭力的人而言，這可能是很大一步。
- 和主管討論任何持續性表現不良的情況。最糟糕的情況是，個人可能需要被請出組織，如此團隊其他人的表現才不會受到影響，而那個人也有機會在其他組織得到發展。然而，一開始別把這個選項當成唯一的解答——你可能因此失去一個潛力股。

有關如何處理其他三種導致困難處境的技巧……

- 較老的員工
- 團隊成員將私人問題帶到工作上
- 情緒勒索

——可見本章最後的連結。

重新建立關係

關於出問題的關係要如何重新建立，以下有些較一般性的建議：

- 提出重新啟動關係。你們可以完成「持鏡」練習（見第七章最後的連結），然後討論分享自己寫下的內容，並協議要如何共事。
- 如果另一個人好像都沒有空，問問最適合連絡他們的時間，以及他們偏好連絡的方式，例如面對面，或是透過電話。
- 建議你們兩個可以去喝杯咖啡，更加了解彼此。
- 試著安排在未來的專案上一起合作，而且這個專案要能將人聚在一起的。

- 如果團隊裡有些人產生不和諧，可以考慮描繪團隊成員間的關係品質，在本章的最後會介紹「描繪關係品質」的工具。
- 最後，如果什麼技巧都失敗了，你能不能在不必與這位同事合作的情況下，負起你的責任呢？

> **反思時間**
>
> 上述哪些技巧能幫助你改善你認為困難的關係，或是你想改善的關係？

結論

真正「難相處的人」非常稀少——你這輩子的職場生活可能都不會遇到一個你或你同事無法建立工作關係的人。

如果遇到「難相處」的情況，你很容易陷入對方有錯的假設之中，不要急著評判自己，先回到基礎，找出你可能做了什麼或沒做什麼，因而引發同事的不良反應。

在這一章，我們涵蓋了很多有關處理困難處境及困難關係的主題，練習本章所提的建議，可以幫助你減少壓力，找回工作的樂趣和愉悅，增加你的效率，同時也提升你的整體幸福感，以及改善團隊的表現。

職場應用

a 你通常如何回應困難的人或情況？你需要做什麼才能變得更有彈性、更有用？

b 在本章一開始，我們邀請你思考在工作中難相處的同事，為每個人準備一個簡短的說明。

c 考慮使用本章所提的三個珍貴資源：

- 感受定位
- 描繪關係品質

• 處理特別困難情況的進階技巧

d 文章可見 www.learningcorporation.co.uk/ Library

參考資料

◎Egolf, Donald, Forming storming norming performing: successful communication in groups and teams, 3rd edition, iUniverse, 2013

◎Kahane, Adam, Collaborating with the enemy: how to work with people you don't agree with or like or trust, McGraw-Hill Education, 2017

◎Paton, Bruce and Stone, David, Difficult conversations: how to discuss what matters most, Penguin, 2011

◎Seligman, Martin, Learned optimism, Vintage Books, 1991

◎Shatte, Andrew and Reivich, Karen, The resilience factor, Broadway Books, 2003

◎Wesley, Doug, Conflict resolution in the workplace, CreateSpace Independent Publishing Platform, 2015

第十五章

多樣性的珍貴：重視多元文化

本章作者為安妮莉絲．蓋林．勒坦德（Anneliese Guérin-Le Tendre）

多樣性：多人一起獨立思考的藝術。

——邁爾康．福布斯（Malcolm Forbes）

前言

你的組織可能已經制定了符合多元化的法律政策；然而，在這一章我們希望你先跳脫法律要求，跳脫政治正確，甚至跳脫個人對種族、民族或性別的敏感性，來欣賞我們所有人的共同點——我們的差異。

當我們認識到差異，並重視差異時，便創造了所有人都有機會被看見、被聽到的環境；每個人都能在工作中投入自己的特殊天賦，因而發揮他們的潛能。在一個真正尊重多樣性的環境中，對動機、士氣、溝通、團隊合作、表現及創造性的正面影響是非常驚人的。

本章只是簡短概述這個龐大的主題，所以我們將聚焦於幾個能立即應用於職場的關鍵點：

- 「文化」與「多樣性」是什麼意思，
- 為什麼重視文化多樣的複雜性對團隊、組織和社區而言很重要，
- 「無意識的偏見」如何滲透團隊成員溝通的方式，危害工作中的良好關係——以及你可以採取什麼對策，
- 如何有意的讓你和你的團隊以真正包容的方式交流。

文化多樣性的案例

尊重多樣性能成為令人信服的商業案例，在性別、種族和民族多樣性處於前四分之一的公司，其財務收益更可能超過國家行業的中位數；致力於多樣化領導的組織更成功；重視多樣性的組織越能贏得頂尖人才，從而改善他們的顧

30 V. Hunt, D. Layton and S. Prince, Diversity matters, McKinsey Consulting, 2015.

客導向、員工滿意度和決策。[30]

公部門也是如此，例如健康照顧的研究證實，員工間存在尊重、自尊及信任的積極文化，可以提供最好的病患護理。[31]然而，如果尊重多樣性的唯一驅動力來自經濟收入、公眾形象或「政治正確」，任何倡議、政策或價值主張都可能失敗。[32]

多樣性從自己開始

所以，你如何管理團隊裡的多樣性力量？你經常聽到人們談起多樣性，好像它只是關心其他人，然而認識我們多樣性最好的起始點，是先認識自己的不一樣，也就是說，我們都是獨特的。這樣我們就能更好地認識到其他人的不同之處。

首先，請先填份簡單的問卷：

1. 你如何描述自己的認同？（例如「我是個…還有…而且…」）
2. 在日常生活中，你以什麼方式欣賞多樣性？
3. 有什麼價值對你而言是重要的，對他人而言卻不重要？（例如，「我似乎是唯一在乎…」）

4. 你的特質、優點、價值和經驗是什麼——換句話說，它對你有什麼意義？

5. 你的態度和信念如何發展——誰影響你，或什麼影響你？

如果你難以回答這些問題，這並不奇怪——你正經歷人類常見的情況；我們的認同和我們重視的事物都是在非常小的時候就開始形成，而且大多數人都沒有意識到這一點。隨著我們長大，我們從經驗中學習，發現在特定環境上最好的生存和發展方式；我們有時會有意識的學習價值觀和信念，有時不會。我們無意識的價值觀和信念與我們的世界觀整合，影響我們的思維模式，我們對外在世界的反應，以及與他人的互動；它們也塑造我們對世界的假設——或是說，以我們的觀點看來，這世界應該怎麼樣！

31 M. West and J. Dawson, NHS staff management & health service quality, Department of Health & Social Care, 2011.

32 F. Dobbin and A. Kaley, 'Why diversity programs fail', Harvard Business Review, July–August 2016.

「文化」是什麼意思？

屬於同一文化的兩個人詮釋世界的方式大致相同，他們用彼此能理解的方式表達他們對世界的概念、想法和感覺。

S．哈爾（S. Hall）

你以前或許讀過相似的定義——或許你注意到各國的國家文化會以非常不同的方式看待生活的普同性，例如時間、工作、個人成就、關係等。

也許你聽過「文化洋蔥」，每一層都代表文化的不同面向；最外層是可見的文化指標，然後是規範、價值觀，直到洋蔥的核心——那些對我們生存方式至關重要的假設、態度和信念。可見的文化差異對局外人來說是很容易接觸到的，「局內人」和「局外人」都能公開、輕易地觀察討論這些差異。隨著他們對文化愈加了解，人們越來越好奇，他們想知道在獨特之處底下是什麼。到英國的遊客經常說排隊似乎是英國的「常態」——局內人顯然認同這種行為是可取的，遊客或許會好奇為什麼英國人會尊重這種特殊的規範，好奇它所指向的某種價值觀：在這個案例中，是公平（包括重視他人的時間）和禮貌。不遵守這樣的文化規範可能會引發各種反應，例如不滿的肢體語言到脫口而出的憤怒！

若是再剝開一層「文化洋蔥」，你會發現任何文化的「核心」都是其中最深切的態度、假設和信念。人們通常在無意識的情況下學習、分享這些核心，同一文化間的成員也不會解釋或討論這些事——除非他們受到挑戰或出現某些裂縫。再回到我們的例子，在排隊這個明顯無關緊要的行為，以及對公平、禮貌的期望之下，是正義和平等的重要價值。在這個層面上，人們通常會深刻感受到共享認同，以致於如果有人質疑核心信仰的有效性——無論是從文化外部或內部，都會引起非常強烈的情緒。

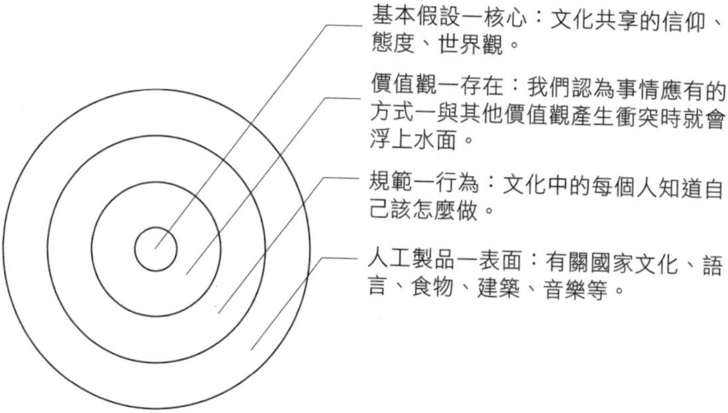
基本假設一核心：文化共享的信仰、態度、世界觀。
價值觀一存在：我們認為事情應有的方式一與其他價值觀產生衝突時就會浮上水面。
規範一行為：文化中的每個人知道自己該怎麼做。
人工製品一表面：有關國家文化、語言、食物、建築、音樂等。
↑文化洋蔥

文化認同的複雜性

反思時間：你的主要認同是你的國家、居住的地區還是城鎮——或許全部都是？或許你也認同家族的祖籍。在今日的英國，有些人認為自己是世界公民、是歐洲人，同時也是英國人，多數人都或多或少整合了過去或現在的認同，並以這種方式生活在既深又複雜的文化豐富性中。

認同的某些部分在出生、或非常早期就已經固定下來，許多認同則是有意識的學習或採用，並因經驗而擴展。共享同一集體認同的人會認為他們有共同的興趣、目的和世界觀，這都會表現在豐富的價值觀中——例如團結、正義、平等、民主、自由。

然而，我們不要將文化的想法限制於國家規範、價值觀或假設之中，文化洋蔥的比喻可以應用到所有文化群體。當你透過他們複雜文化認同的鏡頭，就能看到他們的行為模式、珍視的價值及核心假設都會出現——這在與他人建立正向連結時既有趣又有助益。

文化與溝通

我們在第五章談到溝通，即我們為了彼此理解而「創造意義」的過程。溝通一般是以共享的社會語言學規則創造一套「代碼簿」，這套規則有意或無意地控制著我們之間的溝通。文化則是「代碼簿」的一部分——家庭與家族、朋友與社群、組織、地區或國家的文化⋯如果你和海外的團隊成員共事，你或許會在文化態度上遇到障礙，例如對地位和權威、冒險、分享資訊等態度。這類不同的文化假設觀點令人困惑，甚至因此感到沮喪，但只要你們意識到你們遵循的「規則」不同，就可以開始創造自己的新共享代碼簿。

文化規範、價值觀和假設提供了「脈絡」，因此當然會影響語言及非語言溝通，你必須知道

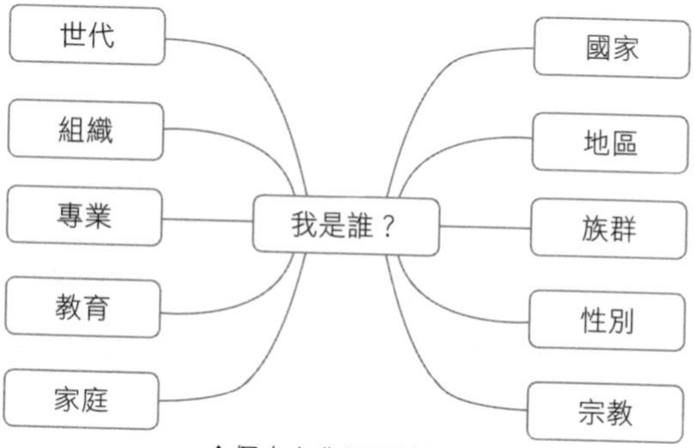

↑個人文化認同的影響

來自其他文化的同事和客戶的文化背景，例如他們對會議、截止日期、緊急、經理、午餐等詞的理解。雖然媒體、商業和網路傳播的是更標準化的「全球」英語，實際上，英語的使用並沒有抵消文化的影響——文化脈絡改變理解。同時，雖然可能會有「典型的」國家傾向，但個人不一定符合他們的國家文化，而是更符合家庭、世代、性別或團隊文化，所以不要一概而論：不是所有德國人都很準時；不是所有美國人都是瘋狂的外向者；不是所有英國人都很會控制情緒！對於差異性的簡化思考會造成團隊、組織或地區之間的分裂和信任的瓦解，最終導致了國家之間的分裂。所以，與其訴諸刻板印象，請保持好奇心，分享經驗，談論團隊成員國家的文化規範，傾聽並觀察：

- 他們的溝通是直接或間接？
- 語言及非語言溝通的相對重要性為何？
- 正式及非正式是什麼樣的？
- 在某些文化中，拒絕容不容易？
- 溝通重視簡潔嗎？

你的觀察會看見出文化認同是非常個人化的，我們所屬的各個文化群體都會影響我們的認同。從這個意義上，所有的人際溝通也可以稱為「跨文化」。

差異、歧視及無意識的偏見

我們再仔細看看讓我們與他人不同的其他分別——無論是有意識或無意識的。你在思考差異及多樣性時，心裡最先想到什麼？

我們習慣性會快速地將自己與他人分類——在早期歷史中，這種分類的能力是一種保護，這種「危險指標」能幫助我們決定另一個人或另一個群體是否會威脅我們的生存。在這種生物機制的遺留下，我們比較喜歡看起來像我們、聽起來像我們、有共同興趣的人；社會心理學家稱這種現象為「社會分類」。在非常微妙的層面上，這種

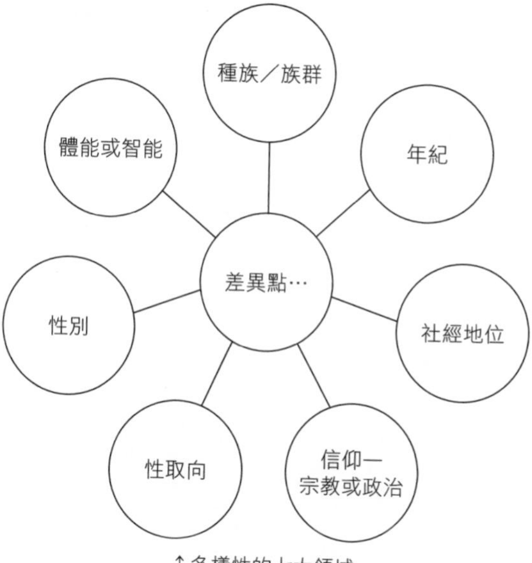

↑多樣性的七大領域

偏好或「無意識的偏見」會繞過我們正常、理解及邏輯性的思考，並在我們的意識底下運作。

幸運的是，我們現在生活的時空裡，我們可以學習辨認、理解和掌握我們的偏見，或是「預判」，然而，儘管我們很世故，我們仍然保留著遵循自己本能的能力；我們使用過去的經驗，我們檢視自己的情緒，我們解讀情境和人物，我們學習自己所處的環境，我們詮釋、分析、歸納。所有活動都是由基本、原始的問題驅動：我在這裡是否感覺安全？我受到威脅了嗎？我能活下來嗎？如果感覺安全，我們就可以信任，如果沒有需要防備和保護自己，我們就能自由地做真正的自己，與他人聯繫、建立關係和合作。

因此，直覺反應可以非常有效地使用，可以積極地引導我們離開有害的環境。即便如此，我們還是需要記得，這些潛意識反應在大腦裡發生的速度太快，無法理性、有邏輯地處理——因此，它們不一定準確、有幫助。以面試小組為例，他們只聘用「像我們這樣的人」（稱為親和力偏見），因而錯失獲得新觀點、解決問題和決策能力的重要機會。無意識的偏見會在我們與他人的互動中產生毫不顯眼的行為（微行為）：如對他人的關注減少，不那麼熱情地對待他們，較少和他們說話，對他們缺乏同情心。

這些微行為的結果一開始很渺小，但長久來說卻是有害的；如果任其發展，我們很容易產生偏見、做出糟糕的決策，並創造出一種內省、恐懼和責備的文化。

表露無意識的偏見：微訊息

正如我們在第五章中提到的，我們一直在語言溝通的同時，解讀非語言線索；然而微訊息更難破譯，它們難以捉摸，更像是一種「直覺」，就像是你注意到自己在對話中的感覺，但你無法真正描述它；例如你覺得被低估了、不舒服、被損壞或被排斥，但你無法解釋原因。

事實上，這些訊息會出現在說話與接收訊息之間，在說出的話和理解的內容之間，雖然這些訊息是微行為，它們仍然非常強大——具有潛在的長期影響。它們傳達的感覺告訴我們，表達自己的觀點是否安全，我們是否能融入、感到受歡迎、感到有價值或是覺得有支持。

負面微不平等的破壞性影響

負面的微訊息（微不平等）會增強偏見，產生「群體內」和「群體外」的分別，讓同事覺得被低估了，潛力降低了，並且抑制了主動性。它們助長了不安和排斥感，甚至感覺自己是群體裡的隱形人。當差異被視為危險時，或是因陌生的不適引發微不平等，或是與他人對話或談論他人時，露出如輕蔑的表情、矜持的肢體語言、微妙的措詞及對該人缺乏興趣的一般行為，負面的微訊息會特別明顯。這些微妙且通常是無意識的微不平等會在很短的時間內貶低和阻礙個人，損害團隊績效。

微訊息顯露了你的核心感受——從點頭、不真誠的微笑、側目、語調和聲音的變化等小動作就能明顯看出。以下是一些輕視和冷落的典型範例：

- 贊美一個同事提出的想法；忽略另一個人提出的同樣想法。
- 別人和你說話時，你在用手機或其他裝置檢查或發送訊息。
- 諷刺地回應他人。

在以微不平等的形式溝通時，我們很難注意到個人偏見——了解自己是一生的工作——但注意我們的溝通、對我們的情緒反應和「直覺反應」的來源抱持好奇是一個開始。

鼓舞人心的正向微訊息

另一方面，正向的微訊息（微肯定）可以激勵、鼓勵、促使個人和團體發揮潛能，甚至超越期望。你可以想像，透過敞開的表情和溫暖的聲調、友善的肢體語言及積極、感興趣的傾聽，可以傳達微肯定，它們會促進群體中的幸福感和歸屬感。

這些微肯定不只幫助我們做得更好，享受我們的工作生活，而且持續、適當的肯定也能傳染他人——塑造受肯定的行為可能會提升整個團隊的士氣和生產力。

利用你的偏見控制機制

雖然很難「抓到」自己無意識的偏見行為，或是負面的微訊息傳遞，你還是能採取某些行動——以下有幾個建議能哄騙你的大腦脫離它的預設模式：

- 列出你已知的偏見，你不喜歡哪種人？
- 檢查你的語言和行為是否真正符合你的價值觀，例如，如果相互尊重及公平是你重視的兩項價值觀，你對待周圍的人時怎麼表現出來？

- 注意自己在打招呼、讚賞或恭喜他人時，整個團隊是否都得到一樣的待遇——控制你非語言的溝通——是否每個人都一樣？
- 問問自己，你的幽默，你的玩笑戲謔是否適用每個人，或是可能傷害某些同事，甚至帶有攻擊性？
- 確認回饋、評估對話、績效評估等都是基於事實和客觀的觀察；在對話中，注意自己的措詞，確保表達明確、溫和且中立。

利用大腦中的偏見控制機制，質疑自己的自動反應，並預防偏見變成行為。有力的溝通者遇到陌生的環境、與不認識的人相處、或是和一開始找不到共通點的人相處時，他們會學習控制自己。藉由提高意識，你可以更自覺地選擇微肯定，而不是微不平等。

多樣性的溝通

如果我們不能公開談論我們的差異，那麼要如何尊重它們？先前提過，談論彼此的差異有時候不是那麼容易，忽略差異、或是假裝它們不重要似乎簡單許多。我們可以變得防備、繼續使用評判的詞語、抱怨排斥，我們也可以把對話變成學習和改變的機會。在你感到有點不舒服的情況下，分享你的觀察；如果你感覺受到攻擊，注意自己的防備心，接受這種不適感並加以處理。要習慣這樣做和學習做其他事是一樣的——它需要求知欲、獲得訊息的動力、練習的機會和改正錯誤的意願。

建立和保持良好關係的習慣建立在信任和相互尊重的基礎上，這基礎根源於團隊和組織的文化。團隊的文化價值成為行為規範——無論好壞——在同事們彼此溝通時，就能看到、聽到或感覺到這些價值觀。我們可以選擇讓我們分裂或團結的語言，促進聯繫、相互依存且平等的語言，或是讓我們分離和不平等的語言。同時，我們需要為同情和寬恕留下空間，不僅是對他人，也對我們自己。

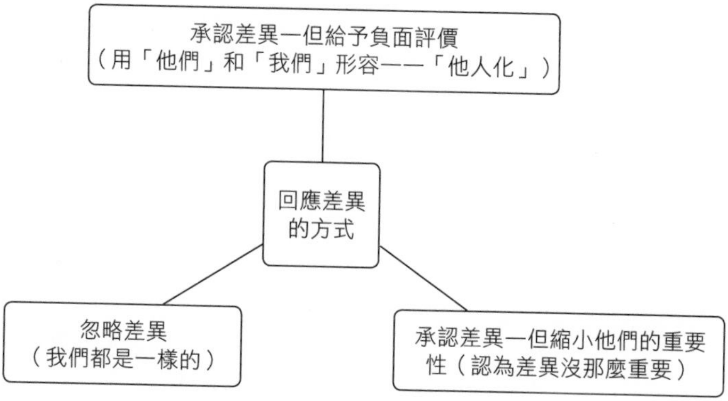
承認差異一但給予負面評價
（用「他們」和「我們」形容——「他人化」）
回應差異
的方式
忽略差異
（我們都是一樣的）
承認差異一但縮小他們的重要
性（認為差異沒那麼重要）

↑無助於處理差異的方法

不是找藉口，但我們在與他人的關係中難免出錯。然而，人類有能力變得不平凡——而且不只是在某些時候！如果事情出錯了，你覺得自己沒有成為你想成為的人，善待自己，再給自己一次機會去改正它。

以下提供幾個步驟，你可以依此在團隊中建立起重視多樣性的人際關係：

- 公開認可不同的價值、規範及假設，
- 準備好適應不同的溝通風格，
- 檢視假設（你和他人的），
- 一如既往地注意「脈絡」及觀點（你和他人的），
- 注意語言和非語言線索，
- 鼓勵你自己的求知欲，持續學習新知，
- 提出問題，聆聽解答，
- 小心使用幽默感——適用所有人嗎？
- 停止評判——小心個人的文化影響，以及它們對理解的影響——評判不一定都是正向且準確的，
- 「許可」做你自己，並許可他人做他自己。

結論

我們都希望他人能用我們的眼光看待自己的那些細節，尊重多樣性代表每個人都能感覺自己被「看到」，因為他們是誰，他們在工作及在社區的貢獻而受到重視。有些基本需求對所有人都很重要：安全感的需求，被尊重及被接受的需求，被信任及可以信任他人的需求，可以坦白說話及被聆聽的需求。當然，多樣性是相互的；尊重多樣性表示我們能為他人及自己的最佳利益而行動。

在這本書裡，你已經獲得改善工作與生活、建立良好工作關係的建議，有些人可能會說如果團隊同質性相當高時就更簡單了——畢竟，如果每個人的想法都是一樣的，至少看起來一樣，那麼達到一個眾人滿意的共識就會容易許多。實際上，假設已有共識是最懶惰，也是最危險的；你可能因此忽視甚至處罰分歧，重要的問題被擱置，視野縮小，可能性也受到限制。

忽視多樣性的豐富就是錯過充分利用團隊潛力學習和成長的大好機會，尊重多樣性才有可能受益於團隊裡所有聲音，並帶來更好的討論和決策。然而，尊重多樣性可能很困難；它代表需要接納不同觀點、經驗、意見，甚至至不同工作風格或期望的人，這也意味著團隊內部良好及頻繁的溝通至關重要，而這需要時間。

有時，以這種方式接納他人也需要你的勇氣，有時還要改變既定的習慣和行為方式，包括你自己及周圍其他人的。經過練習，溝通工具能幫助你應對這些挑戰。然而，為了確保你所學的工具不只是操縱溝通的「把戲」，你的溝通要與價值觀緊密結合，如此團隊裡的每個人才能覺得自己有平等的發言權，他們「被看到」、也被欣賞，他們可以全心貢獻。以這種方式忠於最好的自己，代表你在與他人的連結裡是真實的，你是基於信任和溝通建立了牢固的關係，而且是明確、尊重且富有同情心的。

職場應用

a 利用多樣性取得成功。請看以下情境：

- 兩位新成員加入了你的團隊；一位是巴基斯坦人，一位是蘇丹人，他們中午都會一起吃飯，似乎是團隊的「局外人」。
- 另外兩個同事因為管理時間的方式而難以共事；一個人認為她的同事

對計畫和組織合作專案過度的嚴格死板；另一個人則認為同事「隨波逐流」的態度會導致混亂且沒有生產力。

- 另一個同事在英國土生土長，你注意到如果女性成員在會議中發言時，他會對其他成員傳遞負面的微訊息。

b 為了徹底發揮每個人的獨特個性，團隊必須做出哪些調整、改變和對話？個人的考量呢？你如何完善團隊的多樣性？

參考資料

◎Banaji, M. R., Blindspot: hidden biases of good people, Bantam, 2016
◎Coyne, D., The culture code: the secrets of highly successful groups, Random House, 2018
◎Guirdham, O. and Guirdham, M., Communicating across cultures at work, 4th edition, Red Globe Press, 2017
◎Nowak, Martin, Super co-operators, Canongate, 2011
◎Sarpong, J., Diversify: a handbook for these troubled times, HQ, 2019

◎Young, Stephen, Micro-messaging: why great leadership is beyond words, McGraw-Hill, 2007

加強工具包：如何成功當個新管理者或領導者

前言

在被要求晉升到更高職位時，你可能相當害怕。你或許是第一次管理一項專案，或是代理休育嬰假的同事，或是「高薪幫手」認可你的能力，要求你成為團隊領導者或管理一個部門。你的第一個問題可能是「這項新工作包括什麼內容？」

在我們介紹新手工具包前，先花點時間回顧本書前幾章的內容，哪些章節能在短時間內對你產生最多幫助？當然，帶著「管理者」或「領導者」的職銜，你需要使用新的觀點和心態（第四章）看待你的職場環境，你也是這麼被期待的，例如：

- 對人負更多責任。

- 更頻繁和直屬主管針對更高階層的主題溝通。
- 更了解公司的策略及政策。
- 與主要客戶保持緊密關係。
- 在公司內部溝通良好。
- 花費時間在招募員工和商業發展。

這或許會促使你想知道自己是否因上述活動，而要花費更多時間工作，在這種情況下，第十二章所提分派工作的技巧對你將有很大的幫助。或是你可能感覺自己需要立即重讀第八章有關影響的內容，或是第十五章多樣性的內容。不管你需要複習什麼，我們建議你先去複習，再來閱讀新內容。

加強工具包

這個給晉升更高職位者的新手工具包概述了：
- 管理者或團隊領導者角色的主要範圍。
- 團隊發展的階段。
- 評估團隊表現的方法。

- 有關員工參與度的後續研究。

領導力與管理的討論則大多不在本書的範圍裡，然而，我們希望向你分享一些非常有用的資料。你可以到 www.learningcorporation.co.uk/Library 下載這個工具包。

反思時間

讀了這本書，你學到的前五到十件事是什麼？

為了讓工作關係更快樂、更有效率，你會採取的前二到五個行為是什麼？

公司還有哪個關鍵人物會有興趣閱讀這本書？

結論

在為本書作最後潤飾時，我腦海中不斷浮現的一幅美麗的編織布圖像，這塊布由許多不同顏色的線，織成一片錯綜複雜的圖案，交叉線織成圖案，也讓這塊布更結實，由於布織得很密，它可以做成夾克，堅固到足以抵禦寒冷的氣候。

在相似的情況下，重視每個團隊成員帶來的獨特性，可以建立強大的工作關係，每個人的才能及優點都交織在一起，並且透過信任和有效溝通強化，良好的關係能抵抗工作時的暴風雨。

這本書非常適合我們居住的世界，首先，它恢復破損的人際關係，你已讀了這本書，你或許已經了解本書許多技巧也能應用到私人生活裡，良好的人際關係對我們的身心健康都有助益，建立良好的人際關係會讓我們感覺更美好。

第二，我非常清楚地意識到本書所發行的時間，比過去七十年來的任何時候都更加動盪，在這些史無前例的時代中，有跡象表明，各國正退回自己的殼中，退化回狗咬狗的殘酷心態。然而，在國內或國際間面對的問題可能是環境、健康、經濟、道德、政府或社會，都需要創新的解決方案，為了找到這些方案，國家同樣需要應用本書所倡導的原則，以下舉兩個例子：

- 耐心且仔細聆聽，不帶評判，尋求理解其他國家的觀點。
- 認可在任何環境中會有兩種以上的意見存在，並透過創造性合作及應用新的思維模式，找到可接受的解決方案。

你可以從書中找到其他例子。

正如馬丁路德所說，「我們必須學會像兄弟般共處，否則便像傻瓜般共亡。」

請善加利用www.learnngcorporation.co.uk/Library的資源，如果你是教練或導師，也可參考www.coachingknowhow.com.

如果你需要我們的指導或支持來舉辦研討會，或進行一對一的指導，請隨時與我們聯繫。

最後，謹祝你工作愉快、充實，並轉達我在尼泊爾健行時首次收到的問候「Namaste」，意思是「我向你鞠躬，或是我相信你內心聖潔的光輝」。

理查・福克斯・薩里，英格蘭，二〇二〇年三月

作者詳細資訊

理查・福克斯，The Learning Corporation LLP合夥人

理查是經驗豐富的領導力教練、職涯導師和促進者，也是NLP高階執行師，他有法律、經濟和會計的榮譽學位。在從事顧問業務的職業後，他成為安侯建業聯合會計師事務所（KPMG）的合夥人，過去二十七年是專門從事人才培養的泛歐州公司合夥人。他具有豐富的商業和管理知識，同時深諳個人效率，人際交往能力以及團隊和公司領導力方面的專業知識。

理查曾參與多種行業，公私部門都有，也曾為非盈利組織服務過。他為各種大小的公司提供顧問服務，從新創公司到全球性的公司都有，範圍超過二十五個國家。

著有《創造有目的之人生——如何奪回生活，更有意義的生活，更善用時間》（Creating a purposeful life – how to reclaim your life, live more meaningfully and befriend time），也曾參與其他出版書籍、文章的寫作，並出版過兩本手冊。

在工作之外，理查主要的興趣在設計和帶領健行、合唱音樂、社交活動和探索自然世界。他是基爾福聖救主教堂（St Saviour's Church）的一員，對個人和組織層面的意義和目的都非常感興趣。

www.learningcorporation.co.uk

www.purposefullives.com

安妮莉絲・蓋林・勒坦德，Dialogue Links創始人

安妮莉絲是一位領導力教練兼跨文化／人際溝通專家，在公私部門擁有超過三十年的教學、培訓和強化工作經驗。她也是《你有資格出國工作了》（So you qualified abroad）的共同作者，這本書是給到英國工作的醫生提供指引，她熱衷於推廣以溝通，文化智商和多樣性作為領導者及其團隊的增力器。

www.dialoguelinks.co.uk

新商業周刊叢書 BW0762

工作上90%的煩惱都來自人際關係：

安侯建業會計師事務所合夥人
親授50年經驗的職場人際法則

國家圖書館出版品預行編目(CIP)資料

工作上90%的煩惱都來自人際關係：安侯建業會計師事務所合夥人親授50年經驗的職場人際法則/理查.福克斯(Richard Fox)著；許可欣, 游懿萱譯. -- 初版. -- 臺北市：商周出版：英屬蓋曼群島商家庭傳媒股份有限公司城邦分公司發行, 2021.01
面； 公分
譯自：Making relationships work at work : a toolkit for getting more done with less stress
ISBN 978-986-477-966-6(平裝)

1.職場成功法 2.人際關係

494.35 109019275

原文書名／MAKING RELATIONSHIPS WORK AT WORK: A TOOLKIT FOR GETTING MORE DONE WITH LESS STRESS
作　　者／理查・福克斯（RICHARD FOX）
譯　　者／許可欣、游懿萱
責任編輯／張智傑
企劃選書／陳美靜
版　　權／黃淑敏、邱珮芸、劉鎔慈
行銷業務／王　瑜、黃崇華、周佑潔、林秀津

總 編 輯／陳美靜
總 經 理／彭之琬
事業群總經理／黃淑貞
發 行 人／何飛鵬
法律顧問／台英國際商務法律事務所 羅明通律師
出　　版／商周出版　台北市中山區民生東路二段141號9樓
電話：(02)2500-7008　傳真：(02)2500-7759
E-mail：bwp.service@cite.com.tw
發　　行／英屬蓋曼群島商家庭傳媒股份有限公司 城邦分公司
台北市104民生東路二段141號2樓
讀者服務專線：0800-020-299 24小時傳真服務：(02) 2517-0999
讀者服務信箱E-mail: cs@cite.com.tw
劃撥帳號：19833503 戶名：英屬蓋曼群島商家庭傳媒股份有限公司城邦分公司
訂購服務／書虫股份有限公司客服專線：(02) 2500-7718；2500-7719
服務時間：週一至週五上午09:30-12:00；下午13:30-17:00
24小時傳真專線：(02) 2500-1990；2500-1991
劃撥帳號：19863813 戶名：書虫股份有限公司
E-mail: service@readingclub.com.tw
香港發行所／城邦(香港)出版集團有限公司
香港灣仔駱克道193號東超商業中心1樓
電話：(825)2508-6231　傳真：(852)2578-9337
E-mail：hkcite@biznetvigator.com
馬新發行所／城邦(馬新)出版集團
Cite (M) Sdn Bhd
41, Jalan Radin Anum, Bandar Baru Sri Petaling, 57000 Kuala Lumpur, Malaysia.
電話：(603) 9057-8822 傳真：(603) 9057-6622 E-mail: cite@cite.com.my

美術編輯／劉依婷　　印刷／韋懋實業有限公司
經銷商／聯合發行股份有限公司　電話：(02)2917-8022　傳真：(02) 2911-0053
地址：新北市231新店區寶橋路235巷6弄6號2樓

ISBN 978-986-477-966-6
定價／400元

城邦讀書花園
www.cite.com.tw

2021年01月07日初版1刷